Blackwell Fachwissen

Fachbibliothek Grün

Herausgegeben von Alfred Niesel

Karl-Bernhard Prasuhn

Vermessungstechnik im Garten- und Landschaftsbau

6., neubearbeitete Auflage

Mit 153 Abbildungen und 22 Tabellen

Blackwell Wissenschafts-Verlag Berlin · Wien 1995

Oxford · Edinburgh · Boston · London · Melbourne · Paris · Yokohama

Blackwell Wissenschafts-Verlag GmbH
Kurfürstendamm 57, D-10707 Berlin
Feldgasse 13, A-1238 Wien

Blackwell Science Ltd
Osney Mead, GB-Oxford OX2 0EL
25 John Street, GB-London WC1N 2BL
23 Ainslie Place, GB-Edinburgh EH3 6AJ

Arnette Blackwell SA
1, rue de Lille, F-75007 Paris

Blackwell Science, Inc.
238 Main Street, 5th Floor, USA-Cambridge, Massachusetts 02142

Blackwell Science Pty Ltd
54 University Street, AUS-Carlton, Victoria 3053

Blackwell Science Japan
290-2 Nase Totsuka, J-Yokohama

1. Aufl. 1937 Schatz, Gärtnerisches Feldmessen
2. Aufl. 1953 Schatz, Gärtnerisches Feldmessen
3. Aufl. 1970 Schatz/Lehr, Feldmessen im Garten- und Landschaftsbau
4. Aufl. 1979 Lehr, Feldmessen im Garten- und Landschaftsbau
5. Aufl. 1990 Lehr/Prasuhn, Vermessungstechnik im Garten- und Landschaftsbau

Die Schriftenreihe erschien bis 1988 unter der Bezeichnung
Die gärtnerische Berufspraxis
Reihe A: Produktionsgartenbau und
Reihe B: Landschafts- und Sportplatzbau.
Seit 1989 erscheinen
Pareys Fachbibliothek Produktionsgartenbau
und
Pareys Fachbibliothek Garten-, Landschafts- und Sportplatzbau, die seit 1994 *Fachbibliothek grün* heißt

Anschrift des Verfassers:

Prof. Dipl.-Ing. Karl-Bernhard Prasuhn
Fachhochschule Osnabrück
Labor für Technik im Garten-, Landschafts- und Sportplatzbau
Oldenburger Landstraße 24
D-49090 Osnabrück

Die Deutsche Bibliothek – CIP-Einheitsaufnahme

Prasuhn, Karl-Bernhard:
Vermessungstechnik im Garten- und Landschaftsbau : mit Tabellen / Karl-Bernhard Prasuhn. – 6., neubearb. Aufl. – Berlin ; Wien [u.a.] : Blackwell Wiss.-Verl., 1995
(Blackwell-Fachwissen : Fachbibliothek grün)
Bis 5. Aufl. u.d.T.: Lehr, Richard: Vermessungstechnik im Garten- und Landschaftsbau
ISBN 3-8263-3057-9

ISBN 3-8263-3057-9 · Printed in Germany

Einbandgestaltung: Rudolf Hübler, D-12683 Berlin, unter Verwendung einer Abbildung des Autors
Schrift: Borgis Palatino
Herstellung: Schröders Agentur, D-14199 Berlin
Satz: Schröders Agentur, D-14199 Berlin
Lithographie: C. Schütte & C. Behling, D-12103 Berlin
Druck und Bindung: WB-Druck GmbH, D-87669 Rieden
Gedruckt auf chlorfrei gebleichtem Papier

Vorwort zur 6. Auflage

Nach der Übernahme des gesamten Wissenschafts-Programms des Verlages Paul Parey, Berlin und Hamburg, durch den Blackwell Wissenschafts-Verlag in Berlin konnte eine gründlich überarbeitete und erweiterte 6. Auflage nach der erst 1990 erschienenen völligen Neubearbeitung verwirklicht werden.
Neben einer Vielzahl von Verbesserungen, Ergänzungen und Korrekturen im laufenden Text wurde dabei insbesondere die fortschreitende Entwicklung bei den EDV-gestützten Vermessungstechniken und -instrumenten berücksichtigt und entsprechend erweitert und aktualisiert dargestellt.
Für die allgemeine Zustimmung der Leser zum Konzept der 5. Auflage sowie für alle Anregungen und Hinweise möchte ich mich an dieser Stelle herzlich bedanken.

Osnabrück, im Frühjahr 1995 Karl-Bernhard Prasuhn

Vorwort zur 5. Auflage

Mit der 5. Auflage liegt eine völlige Neubearbeitung vor, die auf dem Konzept des Buches »Feldmessen im Garten- und Landschaftsbau« von Richard Lehr aufbaut.
Dabei wurde angestrebt, die Praxisnähe und den unmittelbaren Anwendungsbezug der vorhergehenden Auflage beizubehalten, um so den täglich im Bereich des Garten- und Landschaftsbaus anfallenden Vermessungsaufgaben gerecht zu werden.
Darüber hinaus war es jedoch auch Absicht, mehr »informative« Gesichtspunkte zu berücksichtigen, die vor dem Hintergrund neuerer Techniken, deren Anwendung sich auch für Planungsbüros und Landschaftsbaubetriebe abzeichnet, eine unverzichtbare Grundlage bilden. EDV und elektronische Geräte werden auch hier in Zukunft immer stärker an Bedeutung gewinnen.
Dem neuen Titel des Buches kann der Zusatz »Für Planer und Ausführende« hinzugefügt werden, wodurch zum Ausdruck kommen mag, daß es hier nicht allein um die speziellen Bedürfnisse des Landschaftsbaus gehen soll, sondern um die vielfältigen Anwendungsmöglichkeiten der Vermessungstechnik in der Landespflege überhaupt.
Im Vordergrund steht dabei die Erfassung örtlicher Situationen und ihre Darstellung der Lage und Höhe nach in Plänen. Aussagekräftige, genaue und vollständige Plangrundlagen sind die Voraussetzung für jedes Planungsvorhaben und die erfolgreiche Umsetzung der Planungsabsicht; hier wird der eigentliche Schwerpunkt dieses Buches gesehen und der Beitrag, den die Vermessungstechnik leisten kann, wenn es darum geht, Fehler, Fehlplanungen oder unnötige Kosten bei der Verwirklichung eines Projektes zu vermeiden.
Bei der Darstellung der Meß- und Arbeitsmethoden, die durch zahlreiche Abbildungen verdeutlicht werden, erschien es auch sinnvoll, die wichtigsten Instrumente zu charakterisieren und durch Fotos abzubilden. Dabei stehen die angesprochenen Fabrikate jeweils beispielhaft für einen Instrumententyp, wie er in vergleichbarer Ausführung auch von anderen Herstellern angeboten wird.
Etwas mehr Raum wurde dem Thema »Flächen- und Erdmassenermittlungen« gewidmet; allerdings kann dabei nicht ein Anspruch auf Vollständigkeit dieser Thematik erhoben werden. Abrechnungsaufmaße und die daraus resultierenden Mengenermittlungen sind ein wesentlicher Bestandteil bautechnischer Vermessungen, deshalb wurde hier versucht, einen Einstieg in die verschiedenen Methoden des Aufmaßes und der Berechnung zu ermöglichen und häufig vorkommende Anwendungsfälle abzudecken. Für spezielle oder komplizierte Fälle wird auf die weiterführende Literatur verwiesen.
Mein Dank gilt an dieser Stelle dem früheren Verfasser, Herrn Prof. Richard Lehr, für sein bedingungsloses Zurücktreten bei der Neuverfassung des Buches.
Bedanken möchte ich mich auch für wertvolle Anregungen und Hinweise bei Frau Dipl.-Ing. Heidrun Kulisch-Huep und Herrn Prof. Dipl.-Math. Harald Fried sowie besonders für die gute Zusammenarbeit bei der Erstellung der technischen Zeichnungen bei Frau Antje Voet.

Osnabrück, im Frühjahr 1990 — Karl-Bernhard Prasuhn

Inhalt

1 Einleitung

Die Vermessungstechnik hat eine lange Geschichte. Ihr Ursprung liegt im Altertum, als sich mit der Entstehung des Eigentums an Grund und Boden auch die Notwendigkeit ergab, Felder und Grundstücke zu vermessen, d. h. ihre Größe und Lage in Plänen festzuhalten.

Aus dem Griechischen stammt der Begriff »Geodäsie«, der mit »Erdteilung« übersetzt wird und heute den gesamten Bereich des Vermessungswesens umfaßt, von der Vermessung kleinräumiger Gebiete (Grundstücke) über die Landesvermessung bis zur Erdmessung, Satellitenmessung und anderer Spezialgebiete. Entsprechend gilt die klassische Unterscheidung zwischen »niederer« und »höherer« Geodäsie, wobei innerhalb der niederen Geodäsie die Vermessung von Grundstücken (Katastervermessungen) sowie Vermessungen, die im Zusammenhang mit Planung und Ausführung von Bauwerken und Anlagen stehen (Ingenieurvermessungen), zwei wesentliche Inhalte sind.

In diesem Buch soll versucht werden, aus dem umfangreichen Gebiet der Ingenieurvermessung die Bereiche, die für den Garten- und Landschaftsbau wichtig sind, zu erfassen und diesen speziellen Bezug darzustellen.

Ein wichtiger Gesichtspunkt bei diesem Anwendungsgebiet ist es, die richtige Relation zwischen dem vermessungstechnischen Aufwand und den damit verbundenen Kosten auf der einen Seite und der erforderlichen Genauigkeit der Meßergebnisse auf der anderen Seite zu finden. Deshalb sollen hier sowohl einfache Methoden und Hilfsmittel, wie sie gerade in diesem Fachgebiet noch häufig zum Einsatz kommen, dargestellt werden, als auch vermessungstechnisch aufwendigere Verfahren und Instrumente, deren Bedeutung in dem Maße zunimmt, in dem EDV und elektronische Techniken in Landschaftsbaubetrieben und Planungsbüros zur Anwendung kommen.

Die häufigsten vermessungstechnischen Aufgaben im Garten- und Landschaftsbau lassen sich zu folgenden Schwerpunkten zusammenfassen:

- ▷ Erfassen und Darstellen einer örtlichen Situation (topographische Messungen) zur Herstellung von Planungs- und Bauunterlagen.
- ▷ Übertragen einer Planungsabsicht in die Örtlichkeit, d. h. Absteckung von Objekten im Gelände der Lage und Höhe nach im Zuge der Bauausführung.
- ▷ Aufmaß ausgeführter Bauleistungen (z. B. Pflasterflächen, Erdmodellierungen usw.) zur Abrechnung von Baumaßnahmen mit den dazugehörenden Massenermittlungen.

Im Landschaftsbau werden Vermessungsarbeiten überwiegend nicht von Vermessungsingenieuren oder -technikern ausgeführt, sondern eben von Ingenieuren der Landespflege. So will dieses Buch auch hauptsächlich den »Nichtgeodäten« ansprechen, jedoch soll versucht werden, neben den reinen Durchführungstechniken den »geodätischen Hintergrund« immer etwas erkennbar werden zu lassen, um Zusammenhänge transparenter zu machen, um die Verständigung bei der Zusammenarbeit mit Vermessungsbüros zu erleichtern, besonders aber auch, um von dem Erfahrungsschatz, der in den speziellen Methoden und Praktiken der Ingenieurgeodäsie steckt, zu profitieren.

2 Allgemeine Grundlagen

2.1 Maßeinheiten

In der Vermessungstechnik werden Längen und Winkel direkt gemessen, Flächen und Rauminhalte werden durch Berechnungen daraus abgeleitet.
Die zugehörigen Maßeinheiten gehen auf Grundeinheiten zurück, die zusammen mit ihren abgeleiteten Größen Bestandteile eines international festgelegten Maßsystems (SI-System) sind, das in die DIN-Normen übernommen wurde. Das SI-System wurde 1969/70 in Deutschland gesetzlich eingeführt und ist seit 1978 verbindlich.

2.1.1 Längeneinheiten

Das »Meter« (Einheitszeichen: m) ist die Basiseinheit für Längen. In der Vermessungstechnik gebräuchliche Vielfache und Teile der Einheit (Verwandlungszahl 10) zeigt *Tab. 2.1/1.*

Tab. 2.1/1. Längeneinheiten

Einheit		Schreibweise				m
1 Kilometer	=	1 km	=	10^3 m	=	1.000,000 m
1 Hektometer	=	1 hm	=	10^2 m	=	100,000 m
1 Dekameter	=	1 dam	=	10^1 m	=	10,000 m
1 Dezimeter	=	1 dm	=	10^{-1} m	=	0,100 m
1 Zentimeter	=	1 cm	=	10^{-2} m	=	0,010 m
1 Millimeter	=	1 mm	=	10^{-3} m	=	0,001 m

2.1.2 Flächeneinheiten

Das »Quadratmeter« (Einheitszeichen: m^2) ist die abgeleitete SI-Einheit für Flächen.
1 Quadratmeter ist gleich der Fläche eines Quadrates von 1 m Seitenlänge.

Tab. 2.1/2. Flächeneinheiten

Einheit		Schreibweise		m^2
1 Quadratkilometer	=	1 km^2	=	1.000.000 m^2
1 Quadrathektometer	=	1 hm^2	=	10.000 m^2
1 Quadratdekameter	=	1 dam^2	=	100 m^2
1 Quadratdezimeter	=	1 dm^2	=	0,01 m^2
1 Quadratzentimeter	=	1 cm^2	=	0,0001 m^2
1 Quadratmillimeter	=	1 mm^2	=	0,000001 m^2

Die Schreibweise »qm; qdm« o. ä. wird nicht verwendet.

Gebräuchliche Vielfache und Teile der Einheit (Verwandlungszahl $10^2 = 100$) gibt *Tab. 2.1/2.*

Die Flächengröße von Grundstücken, Flurstücken oder zusammengehörenden Gebieten wird häufig durch die Einheiten »Hektar« und »Ar« angegeben. Diese Einheiten wurden in das SI-System übernommen (*Tab. 2.1/3).*
Alte Flächenmaße, die bei der ländlichen Bevölkerung z. T. noch im Gebrauch sind, wurden nicht in das SI-System übernommen.
Beispiel: 1 Morgen = ca. 2.500 m^2 (regional unterschiedlich)
1 Hektar = ca. 4 Morgen
In der Vermessungstechnik werden diese Einheiten nicht verwendet.

Tab. 2.1/3. Umrechnung von Hektar, Ar und Quadratmetern

Einheit		Schreibweise		ha		a		m^2
1 Hektar	=	1 ha			=	100 a	=	10.000 m^2
1 Ar	=	1 a	=	0,01 ha			=	100 m^2
1 Quadratmeter	=	1 m^2	=	0,0001 ha	=	0,01 a		

2.1.3 Volumeneinheiten

Das »Kubikmeter« (Einheitszeichen: m^3) ist die abgeleitete SI-Einheit für Rauminhalte (Volumina).
Raummaße werden im Zusammenhang mit Massenermittlungen (Erdmassen) verwendet. Eine weitere Teilung der Einheit ist in diesem Zusammenhang nicht gebräuchlich. Die Schreibweise »cbm« o. ä. wird nicht verwendet.

2.1.4 Winkeleinheiten

Der »Radiant« (Einheitszeichen: rad) ist die abgeleitete SI-Einheit für den ebenen Winkel. 1 Radiant ist gleich dem Zentriwinkel, der in einem Kreis mit dem Radius 1 m durch einen Bogen der Länge 1 m gebildet wird (vgl. *Abb. 2.1/1*).

1 Vollwinkel $= 2\pi$ rad

1 Rechter Winkel $= \frac{\pi}{2}$ rad.

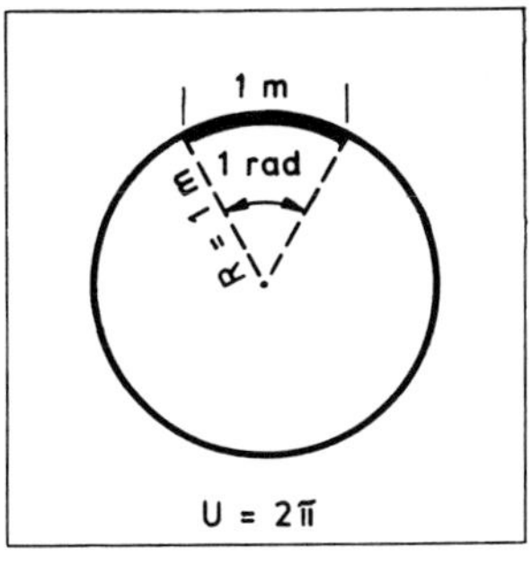

Abb. 2.1/1: SI-Einheit des ebenen Winkels

Für die praktische Vermessungstechnik sind in erster Linie die Winkelteilungen von Bedeutung:
Der Vollwinkel wird in 400 Teile eingeteilt (Zentesimalteilung), das »Gon« (Einheitszeichen: gon) ist die SI-Einheit für Winkel *(Tab. 2.1/4)*.
Die Unterteilung des Vollwinkels in 360 Teile mit den Einheiten »Grad«, »Minute« und »Sekunde« ist in der Mathematik gebräuchlich sowie in verschiedenen anderen Fachgebieten (z. B. Astronomie, Geographie, Nautik u. a.).
Für die Vermessungstechnik ist in Deutschland jedoch schon seit 1937 die Zentesimalteilung verbindlich vorgeschrieben, die bei Rechenoperationen mit Winkeleinheiten große Vorteile hat.
Bei vielen Taschenrechnern kann mit verschiedenen Winkelmodi gerechnet werden. Zur Anzeige des jeweils eingestellten Modus werden folgende Abkürzungen verwendet:

DEG: (engl. »degree«) Dezimalgrad. Für Rechenoperationen und zur Bildung der trigonometrischen Winkelfunktion (sin, cos, tan) wird der Winkel in 360 Grad-Teilung mit dezimalen Nachkommastellen eingegeben.

GRAD: (engl. »grade«) 400-Gon-Teilung

RAD: Radiant (Bogenmaß am Einheitskreis)

Tab. 2/1.4. Winkeleinheiten

	Einheit	Schreibweise	gon
1	Vollwinkel	= 400 gon	
1	Rechter Winkel	= 100 gon	
1	Gon	= 1 gon	
1	Dezigon	= 1 dgon	= 0,1 gon
1	Zentigon	= 1 cgon	= 0,01 gon
1	Milligon	= 1 mgon	= 0,001 gon
1/10	Milligon	= 1/10 mgon	= 0,0001 gon

Schreibweise für einen Winkel z. B.: 123,4567 gon
Die Schreibweisen »Neugrad« oder »1^g; 1^c; 1^{cc}« werden nicht verwendet

2.1.5 Maßstäbe

Die Darstellung aufgemessener örtlicher Situationen in Karten und Plänen macht die Verwendung bestimmter Verkleinerungsmaßstäbe erforderlich. Diese geben an, welchem Teil der Geländelänge das Darstellungsmaß entspricht. So bedeutet z. B. der Maßstab 1 : 100, daß 1 cm im Plan gleich 100 cm = 1 m in der Natur entsprechen. Je nach Planungsabsicht und -inhalt werden zur Darstellung unterschiedliche Maßstäbe verwendet (vgl. *Tab. 2.1/5*). Darstellungen im »großen Maßstab« (etwa 1 : 50 bis 1 : 2000), bei denen die dargestellten Gegenstände und Situationen relativ groß erscheinen und genau gezeichnet werden, nennt man »Pläne«, Darstellungen im »kleinen« Maßstab (1 : 5000, 1 : 25000 usw.) bezeichnet man als »Karten«.

Tab. 2.1/5. Gebräuchliche Maßstäbe

Maßstab M	1 m im Gelände ergibt im Plan	1 cm auf dem Plan ergibt im Gelände	Verwendung im Garten- und Landschaftsbau (Beispiele):
			Technische Details
1 : 1	100 cm	0,01 m	
1 : 5	20 cm	0,05 m	
1 : 10	10 cm	0,10 m	Wegeaufbau
1 : 20	5 cm	0,20 m	Bepflanzungspläne
1 : 25	4 cm	0,25 m	Bepflanzungspläne
1 : 50	2 cm	0,50 m	Bepflanzungspläne Innenhöfe, Dachgärten
			Entwurfspläne
1 : 100	1 cm	1,0 m	Genaue Lagepläne, Kleine Bereiche, Hausgärten, Kindergärten, Kinderspielplätze, Kirchen, Stadt- und Dorfplätze
1 : 200	0,5 cm	2,0 m	Schulen, Krankenhäuser, Wohnungsbauten, Freibäder, Altenheime, Fußgängerbereiche, Plätze
1 : 250	0,4 cm	2,5 m	Technischer Maßstab Verkehrsanlagen, Straßenknoten u. -einmündungen
1 : 500	0,2 cm	5,0 m	Katasterpläne Größere Gebiete Sportanlagen, Friedhöfe, Park- und Verkehrsanlagen, Schulzentren, Wohnsiedlungen, Gartenschauen, Freizeitparks
1 : 1.000	0,1 cm	10,0 m	Straßenplanungen
1 : 2.000		20,0 m	Übersichtspläne, Bebauungspläne
1 : 5.000		50,0 m	Flächennutzungspläne
1 : 25.000		250,0 m	Karten unterschiedlicher Inhalte

2.2 Geodätische Bezugssysteme

2.2.1 Gauß-Krüger Koordinaten

Wenn die Lage eines Punktes in einer Ebene festgelegt oder beschrieben werden soll, geschieht dies durch ein Koordinatensystem. Dazu gibt es zwei Möglichkeiten:

a) Rechtwinklige Koordinaten: *(Abb. 2.2/1)*
In der Vermessungstechnik ist (andes als in der Mathematik) die senkrecht nach oben (in Plänen nach Norden) verlaufende Achse als positive x-Achse und die waagerecht nach rechts verlaufende Achse als positive y-Achse definiert. Ein Punkt wird durch seine rechtwinkligen Koordinaten beschrieben, wobei der y-Wert auch als »Ordinate« oder »Rechtswert« und der x-Wert als »Abszisse« oder »Hochwert« bezeichnet wird.

Schreibweise:

$$P_1\ (y_1;\ x_1)$$

b) Polarkoordinaten: *(Abb. 2.2/2)*
Die Lage eines Punktes in der Ebene läßt sich auch durch den Winkel φ (positiver Drehsinn entspricht dem Uhrzeigersinn) und die Strecke s beschreiben.
Umwandlung Polarkoordinaten in rechtwinklige Koordinaten:

$$y_P = s \cdot \sin \varphi$$

$$x_P = s \cdot \cos \varphi$$

Umwandlung rechtwinklige Koordinaten in Polarkoordinaten:

$$\tan \varphi = \frac{y_P}{x_P}$$

$$s = \sqrt{y_P^2 + x_P^2}$$

Für die Landesvermessung besteht die Forderung, jeden Punkt innerhalb eines Staatsgebietes (bzw. auf der gesamten Erdoberfläche) in einem eindeutig definierten rechtwinkligen Koordinatensystem beschreiben zu können.
Bedingt durch die Kugelgestalt der Erde (mathematisch genau: Ellipsoid) ist es jedoch nicht ohne weiteres möglich, ein rechtwinkliges Gitternetz über eine größere Fläche zu legen bzw. diese Fläche verzerrungsfrei in einer Ebene abzubilden.
Heute wird in Deutschland einheitlich das »Gauß-Krüger Koordinatensystem« verwendet (bezeichnet nach dem Mathematiker Gauß und dem Geodäten Krüger), das für jede Stelle in der Bundesrepublik definiert ist.

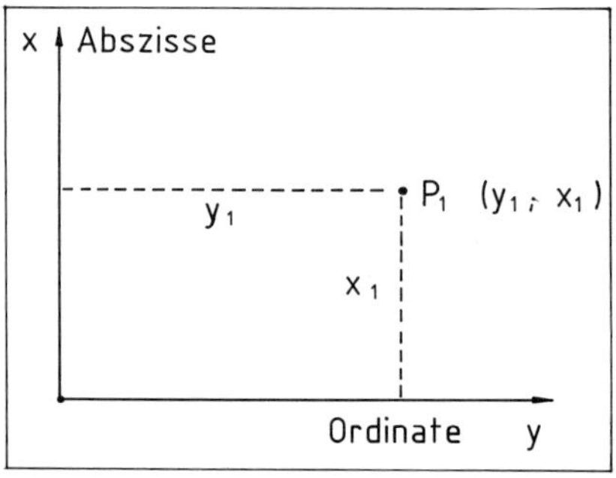

Abb. 2.2/1: Ebene rechtwinklige Koordinaten

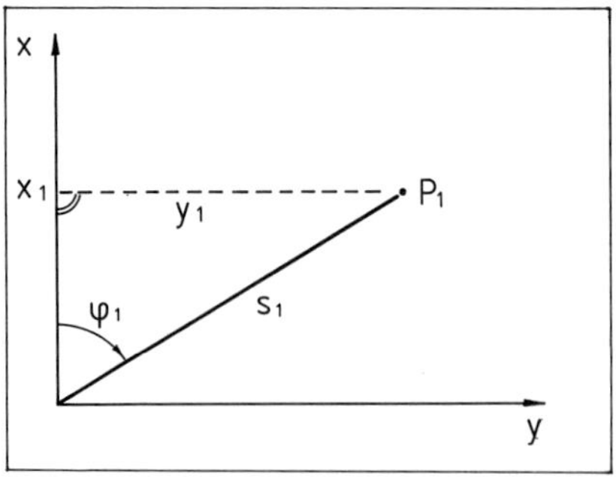

Abb. 2.2/2: Polarkoordinaten

In diesem winkeltreuen (konformen) Abbildungssystem werden schmale, in Nord-Süd-Richtung verlaufende Streifen festgelegt, innerhalb derer ein rechtwinkliges Gitternetz unabhängig von der gewölbten Oberfläche des Erdballes zugrundegelegt wird*). Diese Streifen sind an den geographischen Längenkreisen (Meridianen) orientiert. Als Abszissenachsen (x-Achsen) werden jeweils die Meridiane 3°, 6°, 9°, 12° usw. benutzt, wobei der Äquator den Nullpunkt bildet. Die Streifen verlaufen über den gesamten Globus, sie haben eine Breite von 3° 20′ (d. h. jeweils 1° 40′ nach Osten und nach Westen), das sind in Deutschland ca. 100 km nach jeder Seite; zu den Polen hin werden die Streifen immer schmaler, zum Äquator hin breiter. Um für Messungen in größeren Gebieten einheitliche Werte zu erhalten, überlappen sich die benachbarten Streifen um 20′ (ca. 20 km).
Die einzelnen Streifensysteme werden durch Kennziffern unterschieden, die den Rechtswerten (y-Werten) der Koordinaten vorangesetzt sind: Das System um den Meridian 3° erhält dabei die Kennziffer »1«, das um Meridian 6° die Kennziffer »2«, um Meridian 9° die Kennziffer »3« usw. Allgemein gilt: Die Kennziffer ergibt sich aus der Gradzahl des Meridians dividiert durch 3. Da große Bereiche der Bundesrepublik z. B. beiderseits der Meridiane 9° und 12° liegen, gelten hier die Kennziffern »3« bzw. »4«.
Um negative Rechtswerte links (westlich) eines Bezugsmeridians zu vermeiden, werden 500.000 m zu jedem y-Wert addiert, d. h., der jeweilige Meridian selbst hat den y-Wert 500.000 m, der Nullpunkt liegt außerhalb des Streifens *(Abb. 2.2/3)*.

Beispiel: Ein Punkt hat die Gauß-Krüger-Koordinaten
y (Rechts) = 3.460.530,20 und x (Hoch) = 5.790.316,05

Im y-Wert bedeuten:
▷ die erste Ziffer (3)
Ordnungszahl 3 – d. h. 3. Meridianstreifensystem (9° Meridian)
▷ die weiteren Ziffern (460.530,20)
Abstand in [m] vom zahlenmäßigen Nullpunkt des Systems, d. h.:
460.530,20 – 500.000 = –39.469,80 m (39 km und 469,80 m)
westlich des Meridians 9°

Der x-Wert (5.790.316,05) besagt:
senkrechter Abstand vom Äquator = 5.790.316,05 m (5.790 km und 316,05 m).

Für die praktische Bauvermessung im Bereich des Garten- und Landschaftsbaues haben geodätische Koordinaten in der Regel jedoch nur untergeordnete Bedeutung. Bei kleinräumigen Projekten empfiehlt sich meist ein örtliches rechtwinkliges Koordinatensystem, bei dem die x-Achse bzw. die y-Achse nur für den jeweiligen Bereich unter praktischen Gesichtspunkten gewählt wird.
Größere Ingenieurbaumaßnahmen (z. B. Straßenachsen) werden dagegen in der Regel in Gauß-Krüger Koordinaten berechnet und vermessen. Eine genaue Übertragung in vorhandene Karten und Pläne (z. B. amtliche Planunterlagen) ist dann jederzeit möglich.

*) Bei Präzisionsvermessungen sind sowohl Strecken- als auch Höhenkorrekturen erforderlich, die bei Bauvermessungen jedoch meist vernachlässigt werden können.

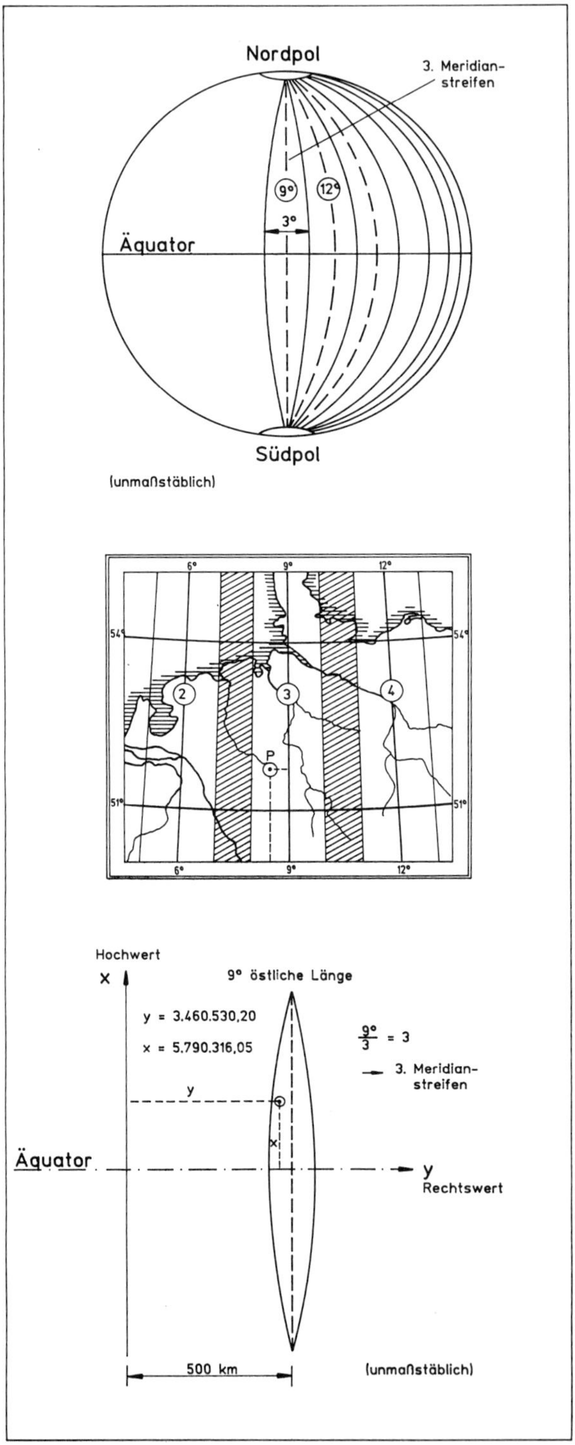

Abb. 2.2/3: Gauß-Krüger-Koordinatensystem

2.2.2 Festpunktnetze

Im Vermessungswesen werden alle wichtigen Punkte in einem einheitlich definierten Bezugssystem (Gauß-Krüger) der Lage nach beschrieben.
Um nun für neue Punkte die Gauß-Krüger Koordinaten zu bekommen, werden »Bezugspunkte« benötigt, d. h. Festpunkte im Gelände, deren Koordinaten bekannt sind. Durch Anschlußmessungen zu diesen Punkten lassen sich die Koordinaten der neuen Punkte dann ermitteln.

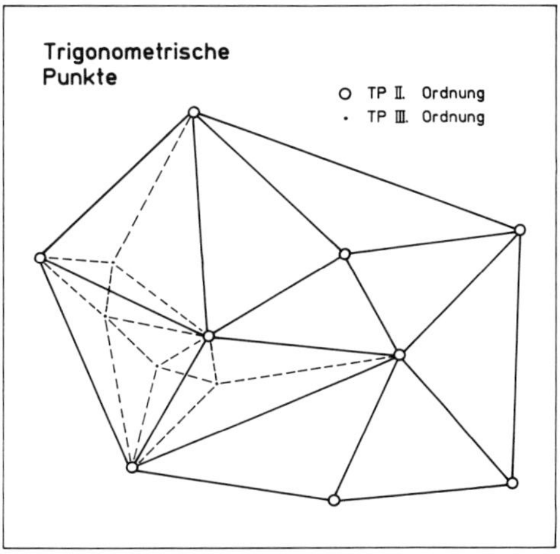

Abb. 2.2/4a: Festpunktnetz (Ausschnitt)

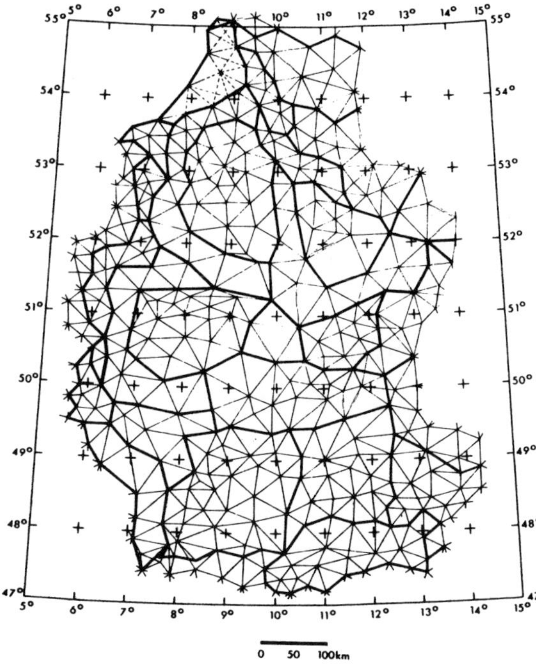

Abb. 2.2/4b: Deutsches Hauptdreiecksnetz (entnommen aus: Witte/Schmidt, 1989)

Die Festpunkte sind in einem dichten Abstand über ein Staatsgebiet verteilt und bilden entsprechend dem Ordnungsprinzip »vom Großen ins Kleine« ein Netz in verschiedenen Verdichtungsstufen. Als großer Rahmen besteht dabei ein Hauptdreiecksnetz aus »Trigonometrischen Punkten« (TP), die einen Abstand von 30–70 km untereinander haben (Netz I. Ordnung). Die weitere Verdichtung erfolgt durch Netze II. Ordnung (Seitenlängen 8–15 km), Netze III. Ordnung (Seitenlänge 2–5 km) und Aufnahmenetze IV. Ordnung (Seitenlängen 1–4 km), so daß im Durchschnitt von einer Dichte der Trigonometrischen Punkte in Deutschland von 1 Punkt pro 1–2 km^2 ausgegangen werden kann *(Abb. 2.2/4)*.
Außer diesen Trigonometrischen Punkten gibt es eine Vielzahl weiterer Festpunkte, die in dichtem Abstand (ca. 500–1000 m) dem Verlauf von Straßen, Wegen, Wasserläufen usw. folgen und Streckenzüge (Polygonzüge) bilden. Diese »Polygonpunkte« (PP) – neuerdings: »Aufnahmepunkte« (AP) – werden bei Ingenieurvermessungen und größeren Geländeaufnahmen in erster Linie als Bezugspunkte verwendet.
Von all diesen Lagefestpunkten liegen die Gauß-Krüger Koordinaten bei den Vermessungsämtern vor.
Neben diesem klassischen Aufbau des Festpunktnetzes, das durch Dreiecksmessungen (Triangulation) entstanden ist, werden in neuerer Zeit durch den Einsatz elektronischer Meßgeräte und Entfernungsmessungen über große Entfernungen (Trilateration) neue Lagefestpunktfelder in zwei Stufen errichtet, die aus einem flächenhaften Grundnetz aus TP(1) und TP(2) und einem Verdichtungsnetz aus TP(3) und TP(4) in Form von TP-Zug-Netzen bestehen.

2.2.3 NN-Höhen (Normal Null)

Die allgemeine Höhenbezugsfläche für Vermessungspunkte ist eine gedachte, unter den Kontinenten fortgesetzte Meeresoberfläche, die das »Geoid«*) bildet. Absolute Höhen geben den senkrechten Abstand zu dieser Niveaufläche an. Da diese Fläche jedoch nur schwer erfaßbar ist, haben sich die einzelnen Länder Haupthöhenpunkte geschaffen, die sich auf eine mittlere Meeresspiegelhöhe beziehen.
Für Deutschland ist der »Normalhöhenpunkt« (NHP) bei Berlin der Ausgangspunkt für eine Vielzahl von weiteren Höhenfestpunkten, die ebenfalls ein dichtes Punktfeld bilden. Die gedachte Bezugsfläche, die 37 m unter dem NHP verläuft und etwa mit dem mittleren Wasserstand der Nordsee am Pegel Amsterdam zusammenfällt, heißt »Normal Null« (NN) *(Abb. 2.2/5)*.

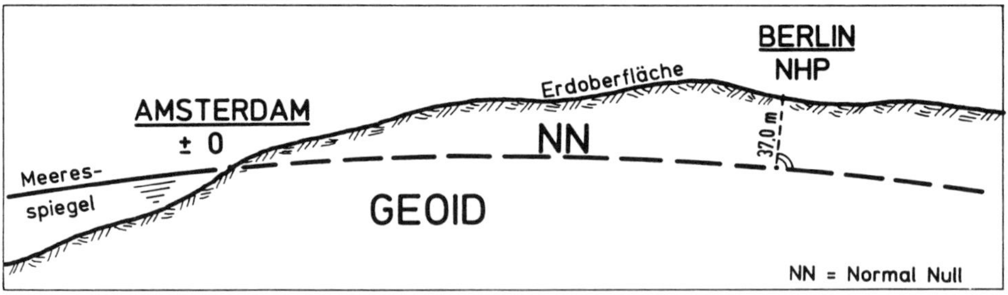

Abb. 2.2/5: Höhenbezugsfläche

*) **Geoid** (griech. tatsächliche Form der Erde) Fläche, die in jedem Punkt rechtwinklig zur Schwerkraftrichtung steht. Da die Schwerkraft nicht überall gleichmäßig ausgerichtet ist, ist das Geoid eine unregelmäßige Fläche.

Für praktische Arbeiten mit Höhen, die sich auf NN beziehen, werden die Höhenfestpunkte als Bezugs- und Anschlußpunkte verwendet (siehe 4.1.1).
Bei kleineren Projekten werden meist örtliche Bezugshöhen gewählt (siehe 4.1.2).

2.3 Kartenwerke

Eine wichtige Aufgabe der Landesvermessungs- und Katasterämter besteht darin, einheitliche Kartenwerke in verschiedenen Maßstäben zu erstellen und diese immer wieder zu aktualisieren. Diese Kartenwerke bilden wichtige Grundlagen für viele Anwendungsbereiche, besonders für Planungen.
Unter dem Gesichtspunkt »Anwendungen in der Landespflege« sollen hier die hauptsächlich verwendeten Karten charakterisiert werden.

2.3.1 Katasterpläne (Liegenschaftspläne M 1 : 500 – 1 : 1000)

Das »Liegenschaftskataster« ist der einzige vollständige und aktuelle Nachweis sämtlicher Liegenschaften, d. h. aller Flurstücke und Gebäude. Als Flurstück bezeichnet man eine vermessungstechnisch abgegrenzte Fläche; einzeln, oder auch zu mehreren zusammengefaßt, bilden diese Flächen ein Grundstück im Sinne des Grundbuches.
Die Nachweise des Liegenschaftskatasters sind das Liegenschaftsbuch und die Liegenschaftskarte. Letztere sind die überall vorhandenen Planunterlagen mit dem größten Maßstab, die für ein bestimmtes Gebiet von einem Vermessungsamt bezogen werden können. Es sind nach Norden ausgerichtete Pläne, die folgende Angaben enthalten *(Abb. 2.3/1)*:

▷ Flurstücksgrenzen mit Grenzpunkten
▷ Flurstücksnummer
▷ Gebäude (unterteilt in Wohn- und Wirtschaftsgebäude)
▷ Hausnummern
▷ Straßenbezeichnungen
▷ Vermessungspunkte
▷ wichtige topographische Merkmale (z. B. Wege- und Fahrbahnränder, Zäune, Bewuchs usw.)

Für viele Planungsaufgaben genügt es, die Liegenschaftskarte zeichnerisch oder fotografisch auf den Planungsmaßstab zu vergrößern; häufig werden diese Unterlagen durch eigene topographische Messungen noch ergänzt.
Das Liegenschaftsbuch enthält außerdem noch folgende Angaben:

▷ Eigentümer und Erbbauberechtigte
▷ Flurstücksbezeichnung (Gemeinde, Gemarkung, Flur)
▷ Flächengröße
▷ Ergebnisse der amtlichen Bodenschätzung
▷ Bestandsangaben des Grundbuches
▷ nachrichtliche Hinweise auf rechtlich bedeutsame Besonderheiten (z. B. Baulast, Naturschutzgebiet, Bodenordnungsverfahren usw.).

Da das Liegenschaftskataster personenbezogene Daten enthält, ist es ein beschränkt öffentliches Register, d. h., Auskünfte und Auszüge werden nur an Eigentümer und Erbbauberechtigte weitergegeben sowie an Personen, die ein berechtigtes Interesse darlegen können. Dazu gehören in der Regel Planer, Architekten, Ingenieure bei der Bearbeitung eines Projektes.

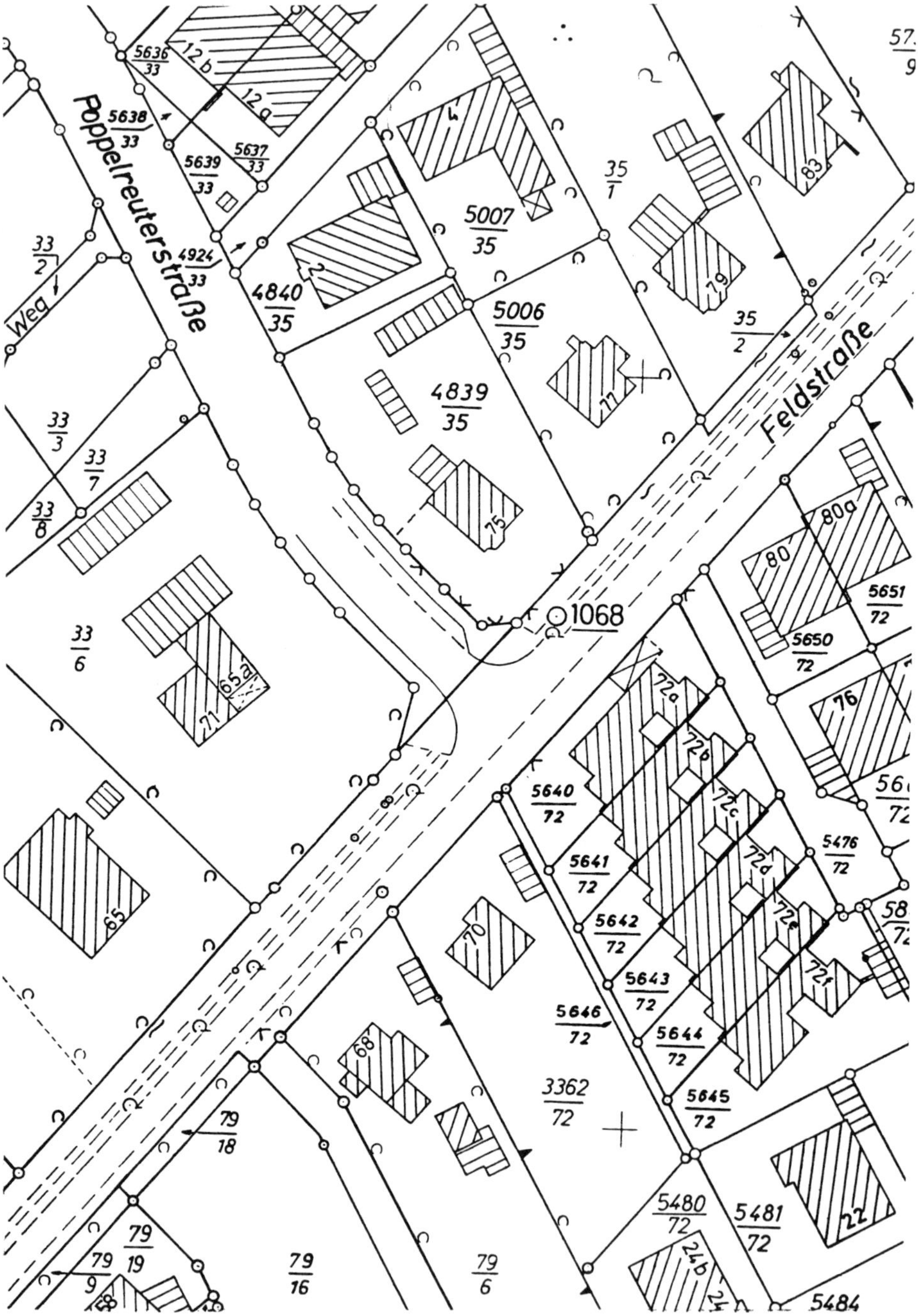

Abb. 2.3/1: Liegenschaftskarte (Auszug), M 1 : 1000
(Quelle: Niedersächs. Landesverwaltungsamt, Hannover)

2.3.2 Topographische Karten

Topographische Karten sind ortsbeschreibende Karten, welche die Siedlungen, Verkehrswege, Gewässer, Geländeformen, Vegetation und eine Reihe sonstiger Erscheinungsformen der Erdoberfläche möglichst genau und vollständig wiedergeben (»Topographie« bedeutet Geländebeschreibung). Diese topographischen Objekte werden in der Karte durch Kartenzeichnungen (Signaturen) dargestellt und durch Namen oder Schriftsätze näher erläutert.

Die Zahl und Genauigkeit der darstellbaren Objekte hängt vom Maßstab der Karte ab. In einem »großen« Maßstab (z. B. 1 : 5000) wird ein kleiner Ausschnitt der Erdoberfläche sehr ausführlich dargestellt, in einem »kleinen« Maßstab (z. B. 1 : 200 000) wird zwar ein größeres Gebiet auf dem Kartenblatt abgebildet, doch muß dabei auf die Darstellung vieler Einzelheiten verzichtet werden *(Abb. 2.3/2)*.

Es gibt in Niedersachsen 7 Landeskartenwerke mit folgenden Maßstäben:

1. Deutsche Grundkarte	1 : 5 000	(DGK 5)
2. Topographische Karte »Meßtischblatt«	1 : 25 000	(TK 25)
3. Topographische Karte	1 : 50 000	(TK 50)
4. Topographische Karte »Generalstabskarte«	1 : 100 000	(TK 100)
5. Topographische Übersichtskarte	1 : 200 000	(TÜK 200)
6. Übersichtskarte	1 : 500 000	(ÜK 500)
7. Internationale Weltkarte	1 : 1 000 000	(WK)

Außerdem gibt es in anderen Bundesländern noch eine topographische Karte 1 : 10 000.

Im Rahmen der Landespflege werden die Deutsche Grundkarte und die Topographische Karte 1 : 25 000 als Übersichtskarte verwendet, selten dagegen Karten mit kleineren Maßstäben.

Die Deutsche Grundkarte stellt ein Verbindungsstück zwischen den großmaßstäbigen Katasterplänen und der Topographischen Karte 1 : 25 000 dar, denn sie enthält sowohl Eigentumsgrenzen als auch die gesamte Topographie in grundrißtreuer Darstellung. Die Karte ist 40 × 40 cm groß und umfaßt damit eine Fläche von 2 × 2 km = 4 km^2. Sie wird von den Gitterlinien des Gauß-Krüger Koordinatennetzes begrenzt.

Die Erstellung der Karte erfolgt heute hauptsächlich durch Auswertung von Luftbildern und Katasterangaben.

Zur Zeit werden von den Vermessungsverwaltungen der Bundesländer einheitliche, flächendeckende digitalisierte Liegenschaftspläne und topographisch-kartographische Informationssysteme erstellt. Dazu gehört auch die stufenweise Erzeugung hochgenauer digitaler Geländemodelle auf der Basis von Höhenrasterdaten in unterschiedlicher Dichte.

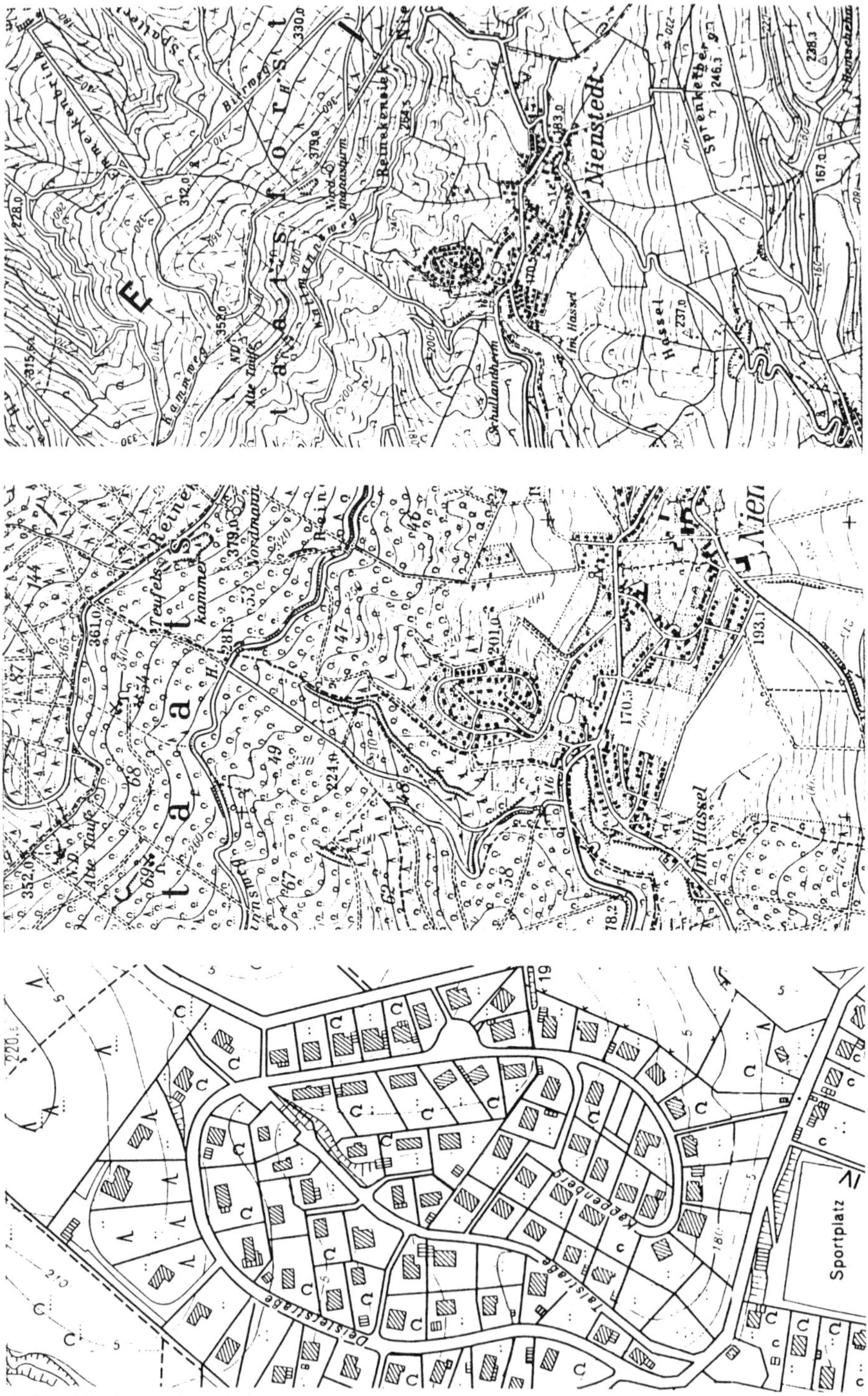

Topographische Karte 1:50 000

Topographische Karte 1:25 000

Deutsche Grundkarte 1:5000

Abb. 2.3/2: Kartenbeispiele
(Quelle: Niedersächs. Landesverwaltungsamt, Hannover)

3 Lagemessungen

Bei Lagemessungen (Horizontalmessungen) werden Punkte, Strecken, Flächen oder Körper, die räumlich im Gelände liegen, in die Horizontalebene projiziert und zweidimensional erfaßt (eingemessen).
In Karten und Plänen erfolgt die Darstellung dann ebenfalls zweidimensional in der Grundrißebene.
Grundoperationen bei Lagemessungen sind:
▷ das Festlegen und Kennzeichnen von Punkten
▷ das Messen von Strecken
▷ das Bestimmen rechter Winkel
▷ das Messen beliebiger Winkel.

3.1 Meßpunkte

Punkte sind die Grundelemente einer Vermessung:
▷ Strecken ergeben sich aus Anfangs- und Endpunkt
▷ Flächen werden durch Eckpunkte gebildet
▷ Richtungen zu verschiedenen Punkten von einem Ausgangspunkt ergeben Winkel.

3.1.1 Vermarkung von Punkten

Bei Vermessungen müssen Punkte im Gelände sichtbar gemacht werden; dazu gibt es verschiedene Möglichkeiten:
Je nach Zeitraum, über den ein Punkt erhalten werden soll, wird zwischen »vorübergehenden Markierungen« und »dauerhaften Vermarkungen« unterschieden.
Vorübergehende Markierungen kennzeichnen (signalisieren) einen Punkt für die Dauer eines Meßvorganges, d. h. in der Regel für einige Stunden oder einen Tag; dauerhafte Vermarkungen sollen über eine längere Zeit bestehen bleiben, z. B. für die Dauer einer Baustelle, oder bei Vermessungspunkten für viele Jahre.

3.1.1.1 Vorübergehende Markierungen (Tagesmarken)

▷ Ölkreide eignet sich, um Punkte auf befestigten Flächen (Pflaster, Platten, Asphalt) zu markieren.
▷ Zählnadeln *(Abb. 3.1/1)* sind für unbefestigte Flächen (z. B. Rasen, Acker usw.) geeignet.
▷ Fluchtstäbe *(Abb. 3.1/2)* sind das gebräuchlichste Hilfsmittel zur Kenntlichmachung von Punkten. Hierbei können die gekennzeichneten Punkte auch aus einer größeren Entfernung beobachtet oder angezielt werden.

Fluchtstäbe nach DIN 18 705 sind 2 m lange Stäbe mit einem Kreisquerschnitt von 28 mm, die in je 50 cm lange rot-weiße Felder eingeteilt sind. Am unteren Ende ist eine Stahlspitze vorgesehen. Es gibt unterschiedliche Ausführungen und Qualitäten von Fluchtstäben (z. B. Holz, Aluminium, Kunststoff, lackiert, mit Kunststoffüberzug oder mit Leuchtfarbe) je nach Verwendungszweck.

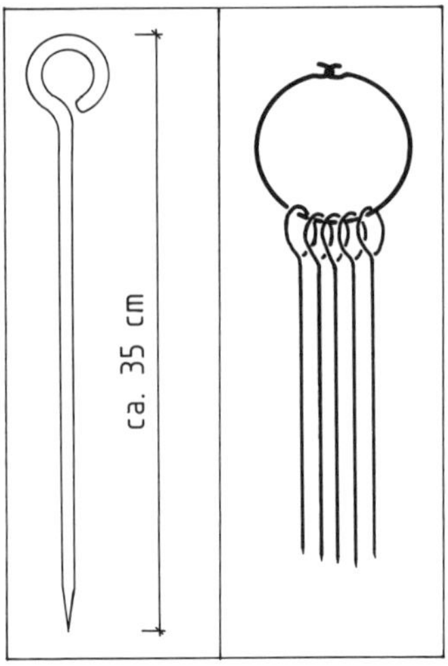

Abb. 3.1/1: Zählnadeln

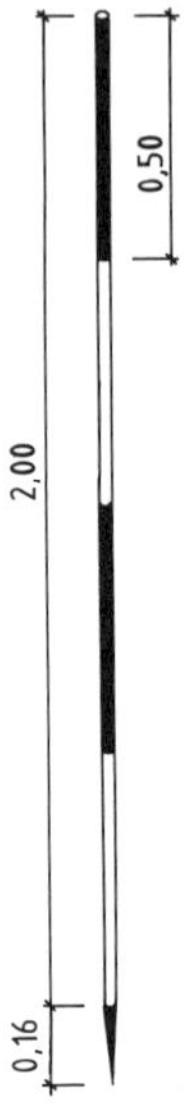

Abb. 3.1/2: Fluchtstab

Durch die 50 cm Teilung lassen sich Fluchtstäbe auch als Meßlatten für überschlägige Längenmessungen benutzen.
Die verwendeten Fluchtstäbe sollten etwa zu gleichen Teilen mit rotem bzw. weißem Feld oben beginnen (Rotkopf – Weißkopf), um bei schlechten Lichtverhältnissen vor hellem oder dunklem Hintergrund den Kontrast besser variieren zu können.
Fluchtstäbe signalisieren immer einen Bodenpunkt, deshalb ist ein genaues Senkrechtstellen über dem Punkt unbedingt erforderlich.

Abb. 3.1/3: Lattenrichter

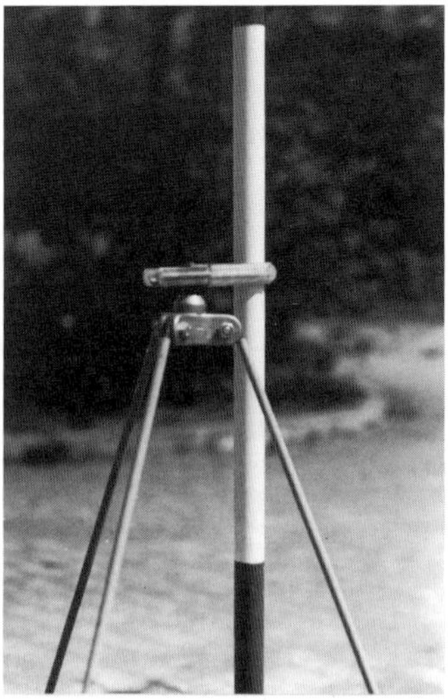

Abb. 3.1/4: Fluchtstabstativ

Zum Senkrechtstellen eignen sich:
▷ ein Lattenrichter *(Abb. 3.1/3)*
▷ ein Senklot
▷ der Vergleich mit senkrechten Gebäudekanten.
Zum Aufstellen von Fluchtstäben auf befestigten Flächen oder über festen Punkten (z. B. Grenzstein) werden dreibeinige Fluchtstabstative aus Metall verwendet. Bewährt haben sich Stative, bei denen der Fluchtstab mittels einer Halteklammer an einem Kugelgelenk gehalten wird *(Abb. 3.1/4)*.

3.1.1.2 Dauerhafte Vermarkungen

Soll ein Punkt über einen längeren Zeitraum erhalten bleiben (z. B. bei größeren Bauvorhaben während der Dauer der Bauzeit), so muß eine dauerhafte Vermarkung gewählt werden, die gegenüber Witterungseinflüssen oder mechanischen Einwirkungen (z. B. Baustellenfahrzeuge) widerstandsfähig ist *(Abb. 3.1/5)*.
Vermarkungsmaterialien für unbefestigte Flächen:
▷ stabile Holzpflöcke mit eingeschlagenem Nagel zur genauen Punktkennzeichnung
▷ Eisenröhrchen, die bodengleich eingeschlagen werden müssen (Stolpergefahr, Mähwerkzeuge usw.), haben meist über mehrere Jahre Bestand.
Vermarkungsmaterialien für befestigte Flächen:
▷ spezielle Metallbolzen eignen sich besonders für Asphalt- oder Pflasterflächen.

► **Die richtige Kennzeichnung und Vermarkung von Punkten ist ein wichtiger Gesichtspunkt bei allen Vermessungsarbeiten. Dadurch bleiben die Meßpunkte erhalten, unnötiges Suchen oder Nachmessen wird vermieden.**

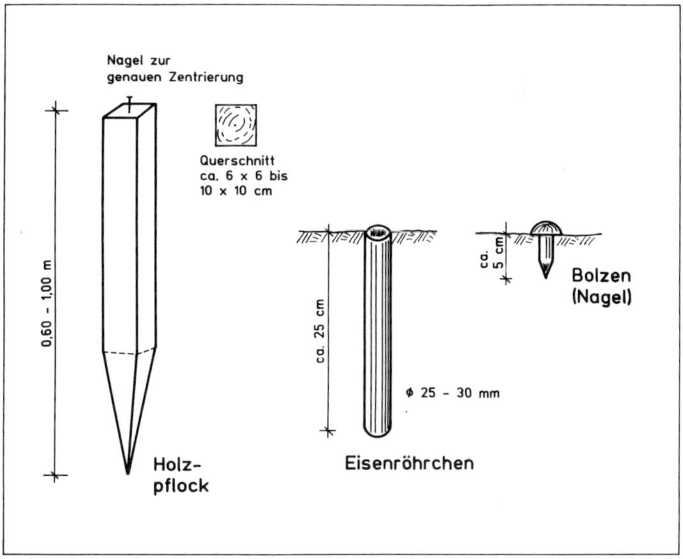

Abb. 3.1/5: Dauerhafte Vermarkungen

3.1.1.3 Amtliche Vermessungspunkte

Für Grundlagenvermessungen (z. B. Landesvermessung) und zur Führung des Liegenschaftskatasters werden von den Behörden Punkte eingemessen und durch Vermessungsmarken gekennzeichnet. Hierbei handelt es sich hauptsächlich um Trigonometrische Punkte (TP), Polygonpunkte (PP) und Grenzpunkte. Diese Vermarkungen dürfen nur von den Vermessungsbehörden selbst oder von besonders befugten Personen (Öffentlich bestellte Vermessungsingenieure ÖBVI) eingebracht, verändert oder beseitigt werden. Bei Beschädigungen (z. B. im Zuge des Baugeschehens) ist es nicht erlaubt, einen Punkt selbst wieder einzumessen oder wiederherzustellen.
Da diese Punkte meist über viele Jahre hinaus Bestand haben müssen, kommen hauptsächlich schwere Vermarkungen in Form von Steinen oder spezielle Grenzmarken zur Anwendung *(Abb. 3.1/6)*.
In den amtlichen Karten erfolgt die zeichnerische Darstellung der Punkte gemäß DIN 18 702 *(Abb. 3.1/7)*.

3.1.2 Sicherung von Punkten

Durch die Sicherung von eingemessenen Punkten soll erreicht werden:
▷ ein besserer Schutz der Punkte
▷ leichteres Wiederauffinden der Punkte
▷ einfache Wiederherstellbarkeit ohne größeren Aufwand bei Verlust eines Punktes.

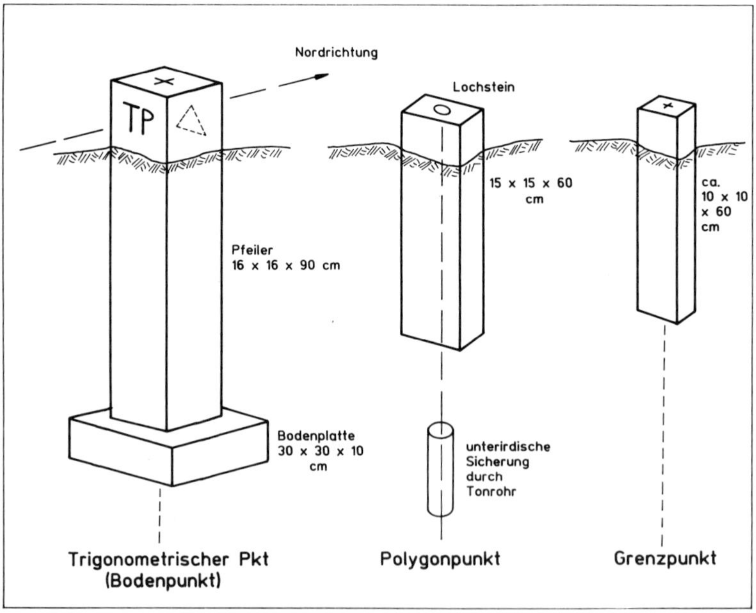

Abb. 3.1/6: Vermarkung von Vermessungspunkten
Abb. 3.1/7 (rechts oben): Darstellung von Vermessungspunkten nach DIN 18 702
Abb. 3.1/8 (rechts unten): Fixierung eines eingemessenen Punktes

	in Rissen	in Karten und Plänen	Bemerkungen
Vermessungspunkte			
Trigonometrische Punkte (TP)			
Bodenpunkt und Hochpunkt jeder Art	4 △ 12 Eichkopf	3 △ 12 Eichkopf 54,14	An Stelle der Nummer können auch Name und Höhe vermerkt werden, unter denen der TP in der Festpunktkartei geführt wird
nur unterirdisch vermarkter TP	4 △ *Pl*/*0,8* Sentrup	△ Sentrup 46,25	
unterirdische, exzentrische Sicherungsplatte	⊞ *Pl*/*0,9*		

Beigeschriebene Höhenzahl: 54,14 ***(durch Nivellement ermittelt)***
54,1 ***(Höhe trigonometrisch bestimmt)***

	in Rissen	in Karten und Plänen	Bemerkungen
Polygonpunkte (PP)			
dauerhaft vermarkt	⌀4 *D* ⊙ 18	⌀ 2,5 ⊙ 18	
zugleich Grenzstein	⌀4 ⊙ 18		
unvermarkt	⌀4 ⊙ 18		
Kleinpunkte (Kl P)			
dauerhaft vermarkt	⌀2 *R* ⊙ 74	⌀1 ∘	
zugleich Grenzstein	74	⌀1,5 ○	Die Darstellung eines unvermarkten KlP kann in Karten und Plänen wegfallen
unvermarkt	74	⌀1 ∘	

In Rissen ist die Art der Vermarkung anzugeben:

zu 2.112, 2.121, 2.131	*St* Stein *(nicht Grenzstein)*	*D* Dränrohr	*R* Rohr		
	B Bolzen	*N* Nagel	*Kr* Kreuz *(gemeißelt)*		
	Fl Flasche	*Pf* Pfahl	*Pl* Platte		

Bei Vermarkung an Gebäuden, Mauern u. dgl. kann die Höhe der Marke über dem Erdboden, bei unterirdischer Vermarkung die Tiefe der Marke (Oberkante) unter dem Erdboden in Metern angegeben werden, z. B. *0,6*/*N* *0,5*/*Kr* *Pl*/*0,6*

	in Rissen	in Karten und Plänen	Bemerkungen
Nivellementpunkte (Niv P)			
Stein	3/2 ◻	⌀3/2 ○ 56,734	
Pfeiler	3/2 ◻		
Mauerbolzen	⌀3/2	⌀3/2 53,11	Neben dem Zeichen kann auch die Nummer vermerkt werden, unter der der Niv P in der Höhenkartei geführt wird
Rohrfestpunkt	⌀3/2 ⊕	⌀3/2 ⊕ 12,141	
Eichpfahl *(an Stauanlagen und dgl.)*	⋂	⋂ 120,12	

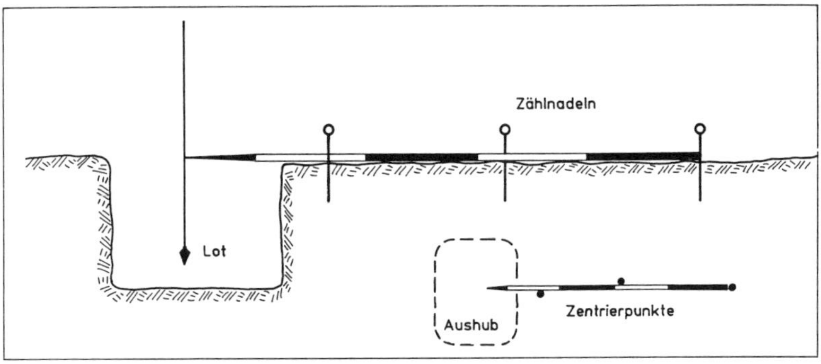

Zur Sicherung von Punkten gibt es folgende Maßnahmen:
a) Fixierung eines Punktes: Bereits eingemessene Punkte können durch Erdaushub (z. B. bei Fundamenten) wieder verlorengehen. Durch einen Fluchtstab und Zählnadeln läßt sich der Punkt vorher fixieren *(Abb. 3.1/8).* Der Fluchtstab kann so zwischendurch entfernt und später wieder in die gleiche Position gebracht werden, wobei die Spitze den Punkt markiert.
b) Unterirdische Sicherung: In manchen Fällen (z. B. bei landwirtschaftlich genutzten Flächen) kann eine unterirdische Sicherung durch ein Tonrohr oder eine Flasche sinnvoll sein. Der oberirdisch eingemessene Punkt wird dabei gemäß *a)* mit einer Fluchtstabspitze zentriert, danach die Vermarkung unterirdisch gesetzt und beim Verfüllen des Loches mit einer Platte oder einem Stein abgedeckt.
c) Mechanische Sicherung: Zum Schutz von Meßpunkten vor unmittelbarer Beschädigung eignen sich Lattendreiecke. Auch das bodengleiche Einschlagen eines Pflocks als Meßpunkt bei gleichzeitiger Markierung durch einen gesonderten Beipflock, der auch die Punktbezeichnung als Aufschrift trägt, wird häufig angewendet *(Abb. 3.1/9).* Hierbei kann es jedoch zu Verwechslungen kommen.
d) Sichern durch Einmessen: Durch Einmessen auf vorhandene, unveränderliche Merkmale (z. B. Gebäudekanten, Mauerecken, Stufen, Bordsteinecken, Kanaldeckel, Laternenpfähle usw.) oder auf vorhandene Festpunkte lassen sich Meßpunkte sehr wirksam

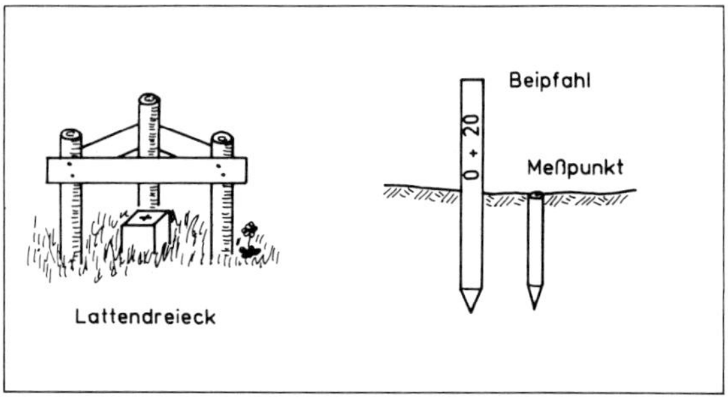

Abb. 3.1/9: Mechanische Sicherung

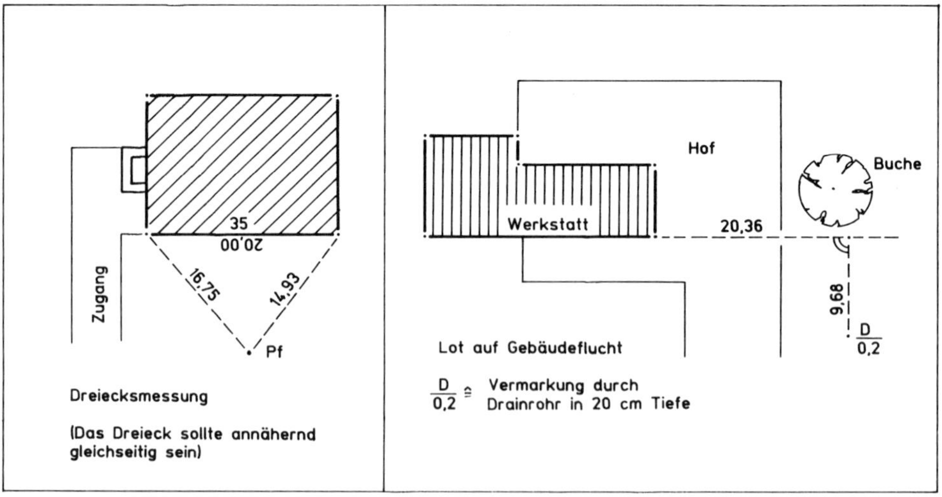

Abb. 3.1/10: Sicherung durch Einmessen

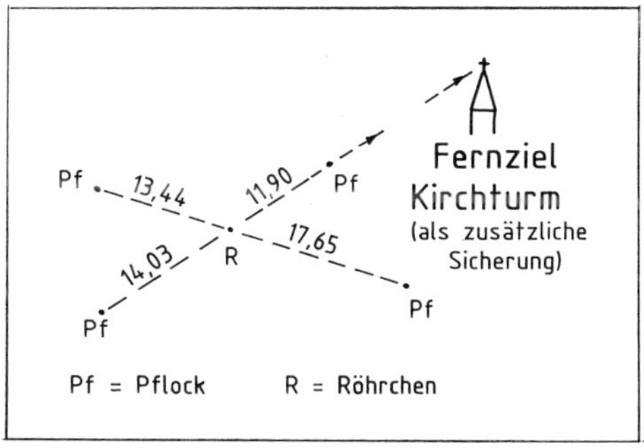

Abb. 3.1/11: Sicherung im freien Gelände

sichern und so später immer wieder leicht auffinden oder bei Verlust wiederherstellen. Das Einmessen erfolgt als »Dreiecksmessung«, als »Lot auf eine Flucht« oder als Kombination durch mehrere Sicherungsmaße *(Abb. 3.1/10).*

► **Grundsätzlich empfiehlt es sich, eine Sicherungsskizze anzulegen, auf der nicht nur die Sicherungsmaße, sondern auch die topographische Umgebung des Punktes vereinfacht dargestellt ist.**

e) Sicherung im freien Gelände: Im freien Gelände ohne besondere topographische Merkmale läßt sich ein Meßpunkt durch Einmessen auf zusätzliche Pflöcke, die außerhalb des Baufeldes angeordnet werden, sichern. Gegebenenfalls können auch noch Fernziele (z. B. eine Kirchturmspitze) in die Sicherung einbezogen werden, so daß bei Verlust eines oder mehrerer Sicherungspflöcke der Meßpunkt doch noch wiedergefunden werden kann *(Abb. 3.1/11).*

3.2 Gerade Linien

Eine gerade Linie läßt sich im Gelände z. B. durch eine Schnur darstellen, die zwischen zwei Punkten gespannt wird. Praktisch wird dies jedoch nur im unmittelbaren Nahbereich durchgeführt, z. B. beim Setzen von Bordsteinen o. ä., ansonsten ist es einfacher, die Gerade als »gedachte Linie« durch einen Sehstrahl zu bilden. Dies geschieht durch Visieren über 2 Punkte (Kimme und Korn), durch »Fluchten« entlang zweier Senkrechten (z. B. Gebäudekanten, Fluchtstäbe) oder durch das Fadenkreuz im Fernrohr eines Meßgerätes.

3.2.1 Fluchten

Das Bilden einer geraden Linie im Gelände durch »Fluchten« gehört zu den Grundoperationen bautechnischer Vermessungen.
Folgende Fälle kommen vor:
a) Fluchten von einem Endpunkt aus: Bei diesem am häufigsten auftretenden Fall sollen zwischen den beiden Punkten A und B weitere Zwischenpunkte gefunden werden. Erforderlich sind zwei Personen. Der einzufluchtende Stab wird möglichst senkrecht, freihängend zwischen Daumen und Zeigefinger gehalten und auf Zuruf oder durch Handzeichen in die Gerade gebracht *(Abb. 3.2/1).* Mit freiem Auge können bei guten Bedingungen und entsprechender Erfahrung Geraden bis etwa 250 m mit einer Abwei-

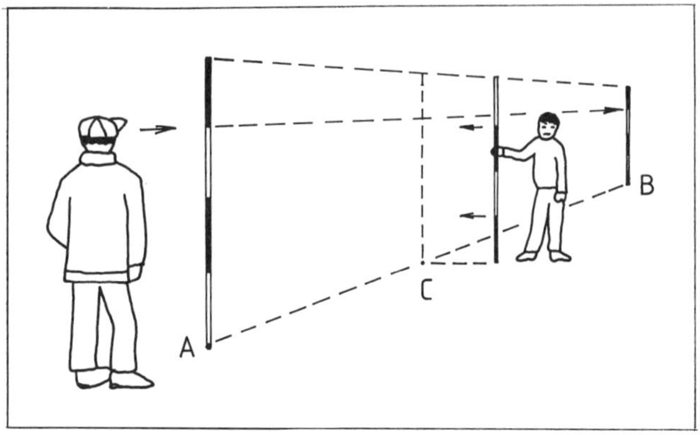

Abb. 3.2/1: Einfluchten von einem Endpunkt aus

chung von 1–2 Stabbreiten (3–6 cm) eingefluchtet werden. Zwischenpunkte sollten je nach Aufgabe etwa alle 50 m eingewiesen werden.

b) Verlängern einer Strecke: Die Strecke AB wird durch zwei Fluchtstäbe, häufig aber auch durch eine Mauer oder Gebäudewand gebildet *(Abb. 3.2/2)*. Zum Verlängern ist in diesem Fall nur eine Person erforderlich. Bei erhöhten Genauigkeitsanforderungen sollte die Verlängerung nicht größer als die vorgegebene Strecke selbst sein.

c) Fluchten aus der Mitte: Bei nicht zugänglichen Endpunkten, zwischen aufgehenden Mauerwerk, bei Geländeerhebungen oder -senken zwischen den Endpunkten muß aus der Mitte durch gegenseitiges Einweisen eingefluchtet werden. Die Durchführung erfolgt durch Näherung in mehreren Arbeitsschritten *(Abb. 3.2/3)*: Zuerst wird C_1 von D_1 nach A eingefluchtet, dann D_2 von C_1 nach B, anschließend wieder C_2 von D_2 usw., bis keine Verbesserungen mehr erforderlich sind.

d) Schnittpunkt zweier Geraden: Gesucht ist der Schnittpunkt S der Geraden AB und CD *(Abb. 3.2/4)*. Sind 3 Hilfskräfte vorhanden, so steht je ein Einfluchtender in einer der beiden Fluchten AB und CD, wobei der etwa im Bereich des gesuchten Punktes S stehende Meßgehilfe wechselseitig aus beiden Richtungen eingewiesen wird.

Müssen 2 Personen den Meßvorgang durchführen, so wird eine der beiden Fluchten (z. B. AB) bis zum Punkt A_1 verlängert. Danach kann der bei Punkt S stehende Meßgehilfe seinen Fluchtstab selbst in die verlängerte Flucht AA_1 einrichten, während ihn gleichzeitig die zweite Person in die andere Flucht CD einweist.

e) Indirektes Fluchten: Bei Sichthindernissen in der Strecke AB können durch Hilfskonstruktionen Zwischenpunkte (z. B. C; D) auf der Verbindungslinie gefunden werden *(Abb. 3.2/5)*.

Von Punkt B wird der Lotfußpunkt B′ auf einer Hilfsgeraden bestimmt (siehe 3.3.2), wodurch ein rechtwinkliges Dreieck entsteht. Die Punkte C′ und D′ auf der Hilfsgeraden werden frei gewählt, die Strecken c und d berechnet und anschließend rechtwinklig von C′ bzw. D′ abgesteckt. C und D liegen dann auf der Geraden AB.

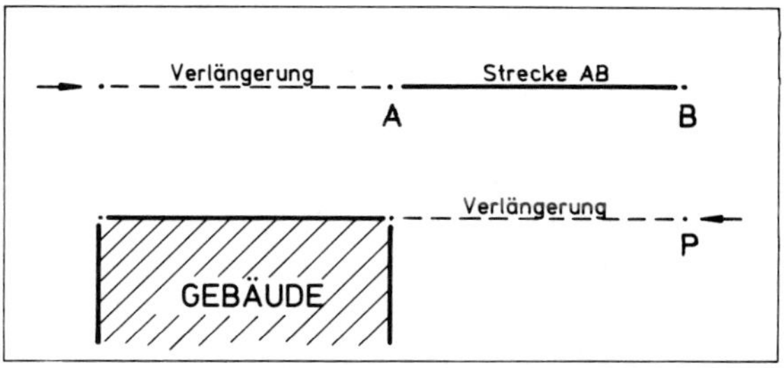

Abb. 3.2/2: Verlängern einer Strecke

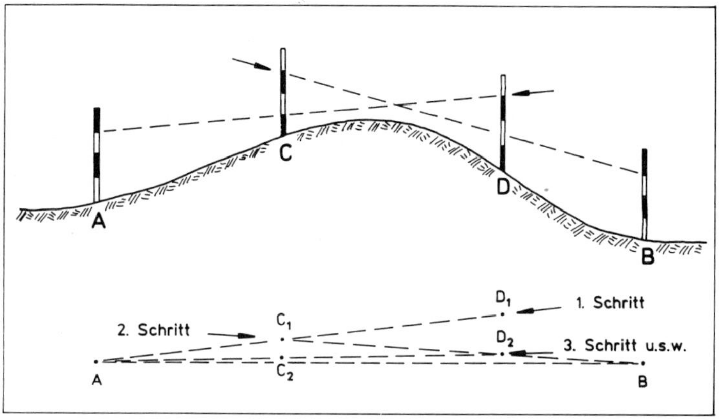

Abb. 3.2/3: Fluchten aus der Mitte

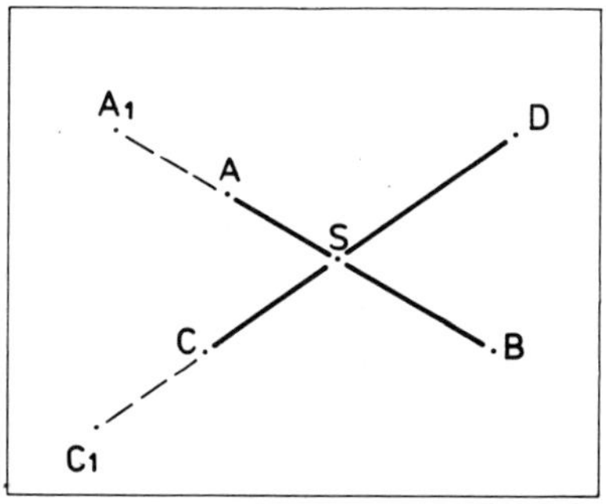

Abb. 3.2/4: Schnittpunkt zweier Geraden

Abb. 3.2/5: Indirektes Fluchten

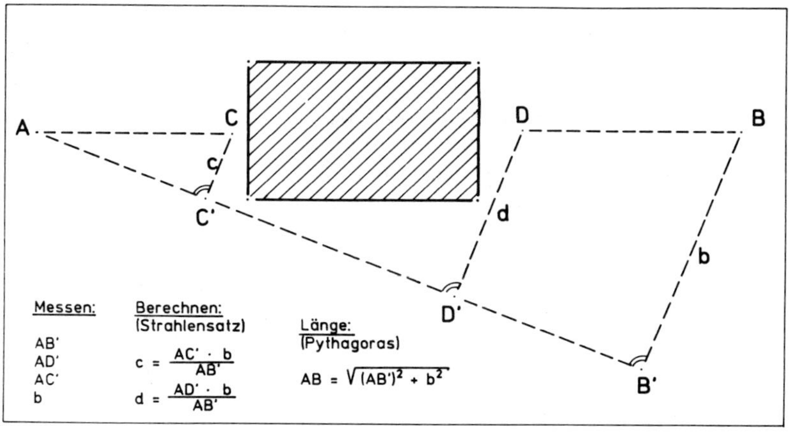

3.2.2 Streckenmessung

Die Länge einer Strecke AB im Gelände ist nach geodätischem Verständnis die horizontale Entfernung zwischen den Punkten A und B (Projektion der Strecke in die Horizontalebene). Dies entspricht der Darstellung in Karten und Plänen.
Da das natürliche Gelände selten eine horizontale Ebene bildet, muß die »Horizontalentfernung« zwischen zwei Punkten entweder durch eine bestimmte Meßanordnung (z. B. Staffelmessung) direkt bestimmt werden oder aus der gemessenen »Schrägentfernung« rechnerisch ermittelt werden *(Abb. 3.2/6)*.
Abrechnungsaufmaße bilden eine Ausnahme: Hier wird auf geneigten Flächen die wahre Länge (Abwicklung) zugrundegelegt. Bei Flächenaufmaßen wird die Schrägentfernung entweder direkt gemessen, oder die Flächenneigung wird durch einen Zuschlag zur Projektion berücksichtigt (siehe 6.1.4).

▷ Genauigkeitsanforderungen: Für die meisten Anwendungsbereiche im Landschaftsbau werden Längen auf cm-Genauigkeit gemessen, bei sehr genauen Messungen im mm-Bereich.

Meßverfahren zur Entfernungsbestimmung:
a) Schrittmaß: Das Abschreiten einer Strecke ist eine einfache und praktische Methode für überschlägige Längenbestimmungen. Die Schrittlänge *s* hängt dabei von der Körpergröße des Menschen ab *(Tab. 3.2/1)*.

Tab. 3.2/1. Schrittlängen

Körpergröße	1,60 m	1,70 m	1,80 m	1,90 m
Schrittlänge (Mittelwerte)	0,78 m	0,80 m	0,82 m	0,84 m

Die Normalschrittlänge liegt bei 0,80 m

b) Meßrad (Rolltacho): Der Umfang des Rades *(Abb. 3.2/7)* ist bekannt (z. B. 1 m), die Anzahl der Umdrehungen und damit die zurückgelegte Strecke wird an einem Zählwerk abgelesen. Gemessen wird die Abwicklung (wahre Länge).
Das Meßrad ist einfach zu bedienen, nur eine Person ist erforderlich, jedoch lassen sich hinreichend genaue Ergebnisse nur auf befestigten Flächen erzielen. Das Gerät ist geeignet für Abrechnungsaufmaße (z. B. beim Wegebau, Leitungsbau usw.), es ist günstig bei kurvenreichen Strecken.
Genauigkeit auf ebener Unterlage:

$$\mathbf{d\,[m] = \pm 0{,}02\,\sqrt{s}} \qquad s = \text{Strecke in [m]}$$

(d. h. ~ ± 20 cm auf 100 m)

c) Bandmaß: Das Bandmaß (Rollmeßband) *(Abb. 3.2/8)* ist bei bautechnischen Vermessungen zur Zeit noch das wichtigste und am häufigsten verwendete einfache Gerät zur Streckenmessung mit guter Genauigkeit.

▷ Ausführung von Bandmaßen: Bandmaße werden in Längen von 20 m, 25 m, 30 m oder 50 m aus Stahl, kunststoffummanteltem Stahl oder Kunstfaser hergestellt. Stahlbänder mit eingeätzter cm-Teilung haben die größte Genauigkeit, sind jedoch sehr empfindlich gegen Knicke. Kunststoffummantelte Stahlbänder mit aufgedruckter cm-Teilung sind durch die dicke Kunststoffschicht etwas weniger knickempfindlich, die Ablesbarkeit ist gegenüber den geätzten Stahlbändern besser. Kunstfaserbänder sind leichter zu handhaben, unempfindlich gegen Knicke, aber deutlich ungenauer; für die meisten bautechnischen Vermessungen jedoch noch geeignet.

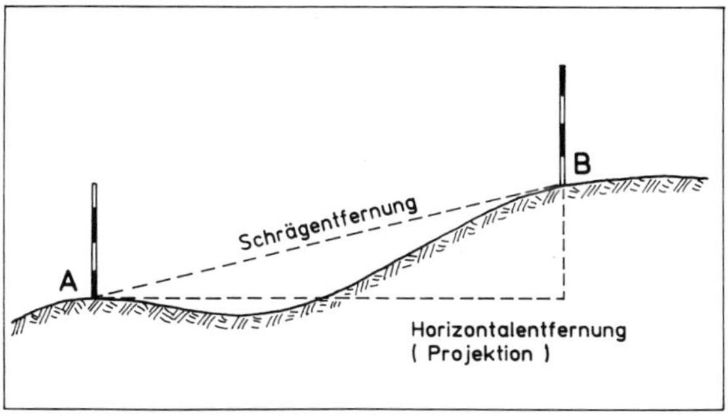

Abb. 3.2/6: Entfernung zwischen 2 Punkten

Abb. 3.2/7: Rolltacho (Fa. Glunz)

Abb. 3.2/8: Bandmaß (mit Y-Rahmen) (Fa. BMI)

Stahlbandmaße sind genormt (DIN 6403), sie werden unter einer Zugspannung von 50 N (5 Kp) bei 20 °C geeicht *(Abb. 3.2/9)*. Die Genauigkeitsunterschiede zwischen genormten und nicht genormten Bändern haben für die Praxis des Landschaftsbaues jedoch kaum Bedeutung.

Bandmaßanfänge: Es wird die Ausführung »A« und »B« unterschieden *(Abb. 3.2/10)*. Während A ein genaues Anhalten an freien Punkten (z. B. Mitte Fluchtstab) ermöglicht, ist Anfang B universeller einsetzbar (z. B. auch zwischen aufgehenden Mauerwerk).

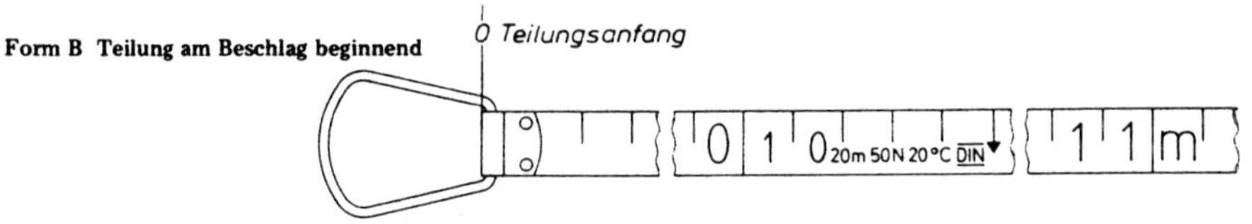

Der Abstand zweier beliebiger Teilstriche darf bei 20 °C und einer Zugkraft von 50 N höchstens abweichen um:

$\Delta l\,[mm] = \pm(0{,}2 + l \cdot 10^{-4})$

(d. h. je 10 m Band 1,2 mm Abweichung)

Bandmaße, die dieser Norm entsprechen, dürfen mit den Bezugsgrößen 50 N, 20 °C sowie der Länge und dem DIN-Zeichen versehen werden.

Abb. 3.2/9: Bandmaße nach DIN 6403

▷ Messen mit Bandmaßen: Mit einem Stahlbandmaß läßt sich eine Genauigkeit von 2–3 cm auf 100 m erreichen, dabei kann sowohl die Schrägentfernung (Abwicklung) als auch die Horizontalentfernung (Projektion) einer Strecke bestimmt werden.

Zur direkten Ermittlung der Horizontalentfernung in geneigtem Gelände wird die »Staffelmessung« *(Abb. 3.2/11)* durchgeführt. Dabei wird ab einer Geländeneigung von mehr als 3–4 % das Bandmaß nach Augenmaß horizontal gehalten und strammgezogen. Die Meßrichtung geht immer vom höchstgelegenen Punkt aus, wobei Zwischenpunkte mit dem Schnurlot oder mit Fluchtstab und Lattenrichter abgelotet werden.

► **Staffelmessungen mit dem Bandmaß über größere Entfernungen mit mehrmaligem Bandmaßwechsel beinhalten immer Fehlermöglichkeiten. Zur Kontrolle sollten solche Streckenmessungen grundsätzlich doppelt ausgeführt werden.**

Richtwert für eine zulässige Abweichung:

$$d_{max}\,[m] = \frac{s}{1.000} \qquad s = \text{gemessene Strecke in [m]}$$

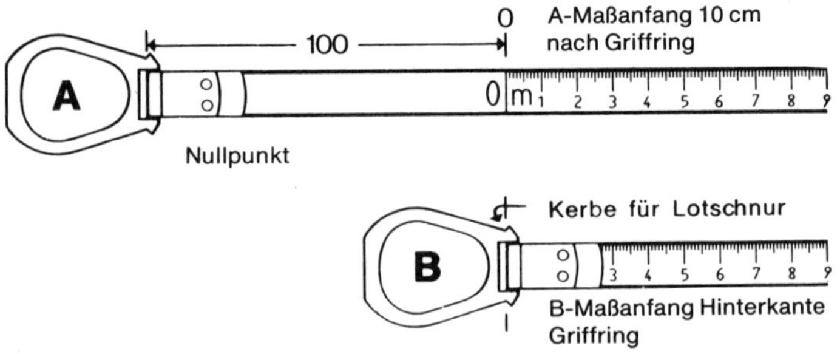

Abb. 3.2/10: Anfänge bei Bandmaßen

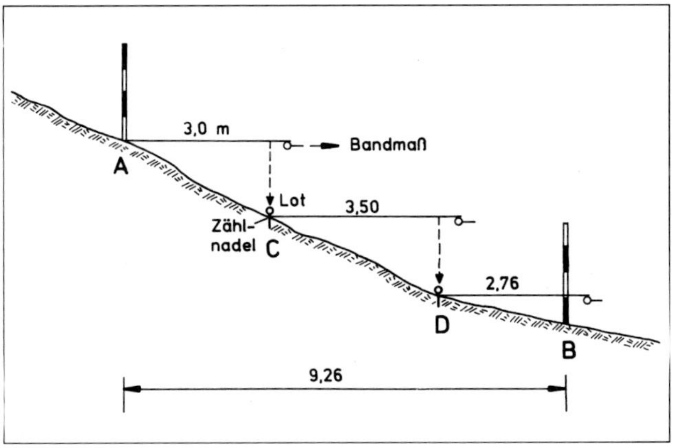

Abb. 3.2/11: Staffelmessung

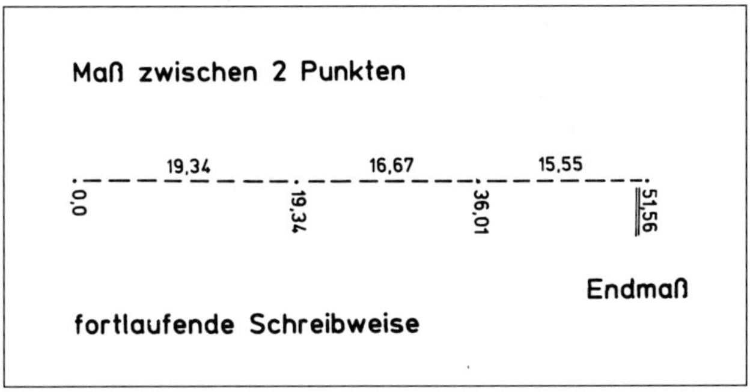

Abb. 3.2/12: Schreibweise bei Streckenmessungen – Fortlaufende Messung und Abstandmessung

Eine mehrfach unterteilte gerade Strecke *(Abb. 3.2/12)* kann mit dem Bandmaß auf 2 verschiedene Arten gemessen werden:

▷ Fortlaufende Messung: Dabei werden schon während der Messung alle Maße auf den Anfangspunkt bezogen, bei Bandmaßwechsel wird die volle Bandlänge gleich addiert. Ablesefehler bei Zwischenpunkten wirken sich hierbei nicht auf die Gesamtlänge der Strecke aus. Bei der Schreibweise werden fortlaufende Maße senkrecht zur Meßlinie mit dem Fuß zum Nullpunkt geschrieben.

▷ Messung der Einzelabstände. Alle Abstände zwischen den Punkten werden gesondert gemessen und später addiert. Ablesefehler wirken sich hierbei auf die Gesamtlänge aus. Bei der Schreibweise stehen die Maße zwischen den Punkten auf der Meßlinie.

d) Optische Entfernungsmessung: Mit den »Distanzstrichen« im Fernrohr eines Vermessungsinstruments und einer Meßlatte lassen sich Entfernungen mit eingeschränkter Genauigkeit bestimmen (siehe 5.1).

e) Elektrooptische Entfernungsmessung: Genaueste Möglichkeit der Entfernungsmessung mit aufwendigem elektronischen Instrument (siehe 5.2.1).

3.3 Rechte Winkel

Rechte Winkel sind ein wichtiges Element bautechnischer Vermessungen. Sie kommen sowohl bei Aufnahmen und Aufmaßen als auch bei Absteckungen vor.
Es gibt 2 Grundoperationen:
a) Von einem Punkt den Lotfußpunkt auf einer Geraden (Meßlinie) bestimmen
b) Auf einer Geraden (Meßlinie) die Senkrechte in einem Punkt errichten.
Um einen rechten Winkel im Gelände zu bilden, gibt es verschiedene Methoden, die sich sowohl hinsichtlich des Meßaufwandes als auch der Genauigkeit unterscheiden.

3.3.1 Einfache Hilfskonstruktionen

Die einfachste Art, einen rechten Winkel abzustecken, ist die Visur über einen rechtwinkligen Feldbuchrahmen o. ä.; quadratische Gehwegplatten lassen sich zur Orientierung verwenden, oder 2 Fluchtstäbe, die nach Augenmaß rechtwinklig zueinander auf den Boden gelegt werden.
Mit Hilfe einer Schnur (oder eines Bandmaßes) und der pythagoräischen Zahlen (3, 4, 5 bzw. einem Vielfachen davon) läßt sich auf einfache Weise ein rechtwinkliges Schnurdreieck bilden *(Abb. 3.3/1)*, eine für viele Zwecke praktische Methode, die sich auch zur Überprüfung rechter Winkel eignet.

3.3.2 Winkelprisma

Das gebräuchlichste Hilfsmittel zur Bildung rechter Winkel ist das »Winkelprisma«. Bei diesem kleinen, handlichen Instrument handelt es sich um ein geschliffenes Glasprisma, bei dem eine oder mehrere Seiten verspiegelt sind. Durch Brechung und Reflexion wird der einfallende Sehstrahl dabei genau im rechten Winkel umgelenkt *(Abb. 3.3/2)*. Das Prisma wird zusammen mit einem Schnurlot über einem Punkt gehalten.

▷ Ausführung von Winkelprismen: Heute wird überwiegend das fünfseitige Prisma (Pentagon) verwendet, das gegenüber anderen Arten (dreiseitiges Prisma) den Vorteil besserer Handhabung besitzt. Das Gesichtsfeld ist hierbei größer und übersichtlicher, es entstehen nur feste Bilder (d. h., bei Drehung des Prismas um die senkrechte Achse verändern sich die Bilder an keiner Stelle).

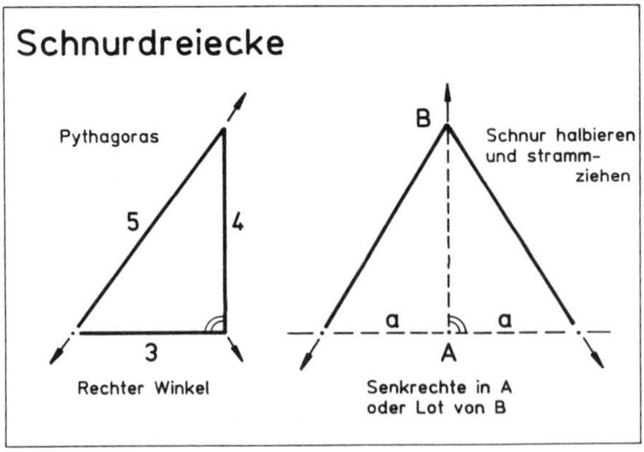

Abb. 3.3/1: Bildung eines rechten Winkels mit Hilfe einer Schnur

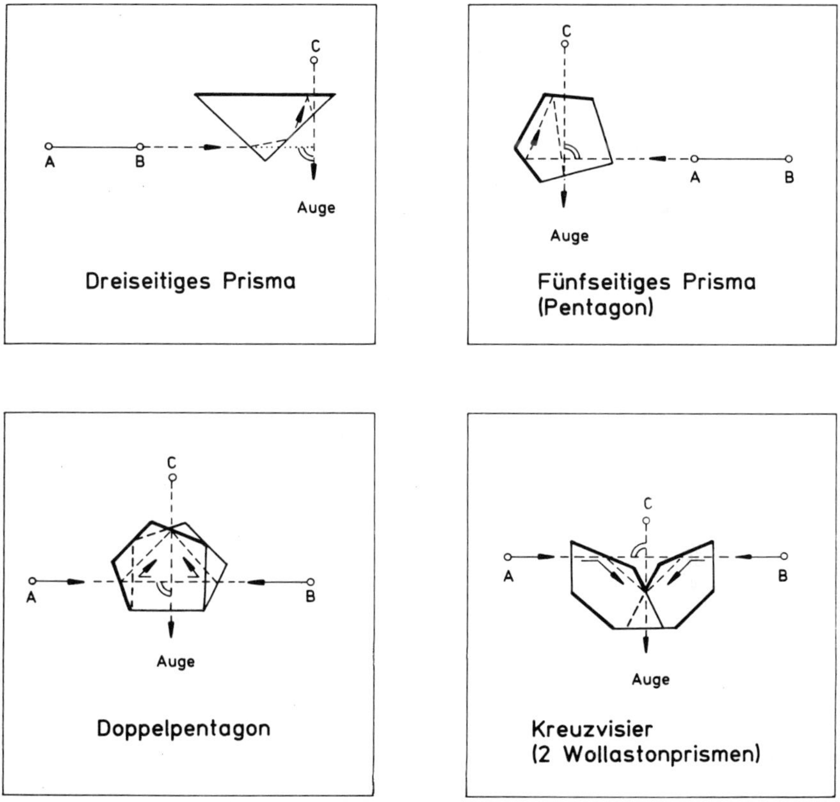

Abb. 3.3/2: Verschiedene Arten von Winkelprismen

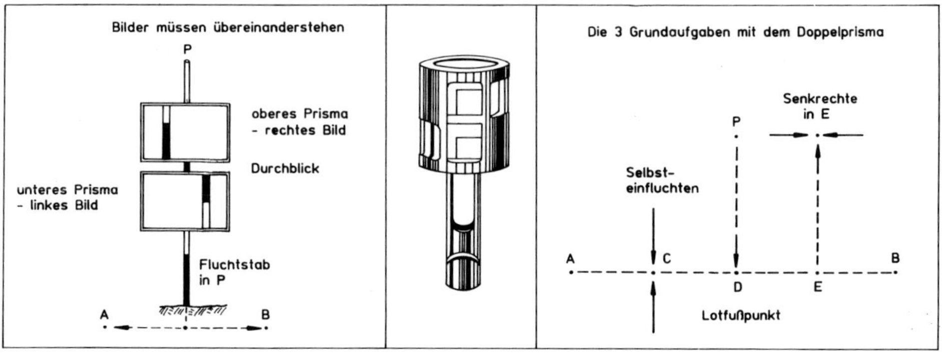

Abb. 3.3/3: Doppelpentagon

In der Regel werden Winkelprismen als »Doppelprismen« ausgeführt. Sie bestehen aus zwei übereinander angeordneten fünfseitigen Prismen (Doppelpentagon), wobei das obere Prisma den Sehstrahl des Betrachters nach rechts ablenkt, das untere nach links. Dadurch ist auch das »Selbsteinfluchten« zwischen 2 Fluchtstäben möglich.

Mit einem Doppelprisma lassen sich 3 Grundaufgaben lösen *(Abb. 3.3/3):*

a) **Selbsteinfluchten.** Bestimmung des Punktes C auf der Geraden AB

b) **Lot fällen.** Bestimmung des Lotfußpunktes D von einem Punkt auf eine Gerade AB (Anwendung bei Aufmaßen)

c) **Senkrechte** errichten. Im Punkt E auf einer Geraden AB (Anwendung bei Absteckungen).

Die Handhabung eines Winkelprismas erfordert eine gewisse Routine, da es nicht ganz einfach ist, das Prisma mit dem Lot in einer festen Position über einem Punkt ruhig zu halten. Die erzielte Querabweichung liegt dabei bei 3–5 cm auf etwa 30 m.

► **Pythagorasproben: Bei Arbeiten mit dem Winkelprisma empfiehlt es sich, die Messungen durch Pythagorasproben** *(Abb. 3.3/4)* **bei wichtigen Maßen zu überprüfen.**

Winkelspiegel: Die gleiche Funktion wie ein einfaches Prisma erfüllt der »Winkelspiegel«, wobei die Umlenkung des Sehstrahls über 2 Spiegel erfolgt.
Winkelspiegel sind jedoch heute nicht mehr gebräuchlich.

3.3.3 Diopter (Kreuzscheibe)

Die Kreuzscheibe ist ein konischer Metallkörper mit senkrecht zueinander stehenden Visierschlitzen. Auf einem Stahlstab befestigt (häufig zusammen mit einem Winkelprisma), eignet sie sich zur Absteckung rechter Winkel *(Abb. 3.3/5).* Die Genauigkeit liegt etwas höher als beim Winkelprisma (2–3 cm auf etwa 40 m). Wegen der etwas umständlichen Handhabung sind diese Geräte jedoch relativ ungebräuchlich.

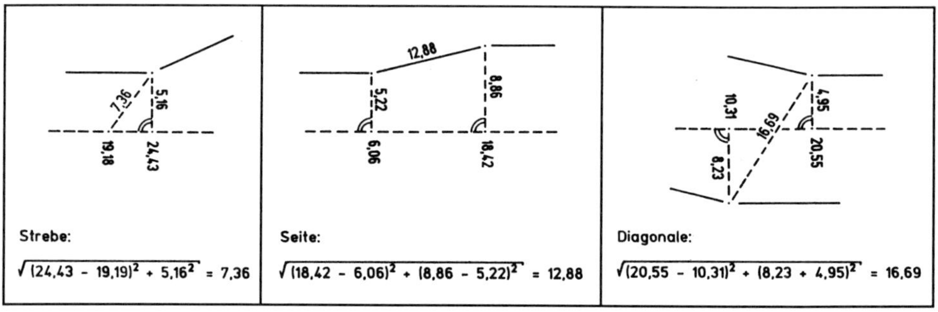

Abb. 3.3/4: Pythagorasproben

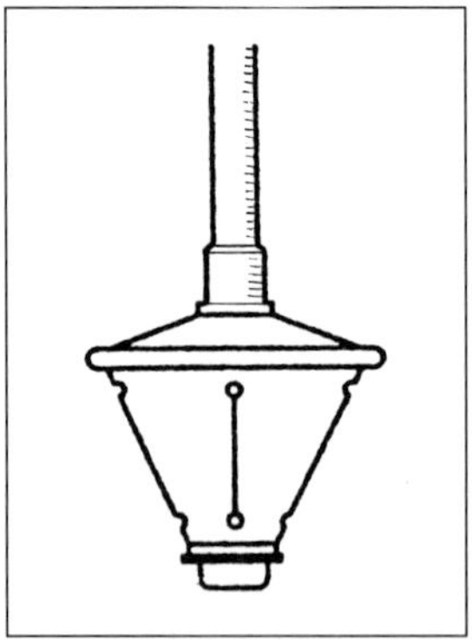

Abb. 3.3/5: Kreuzscheibe

3.4 Winkel beliebiger Größe

Für viele vermessungstechnische Aufgaben, besonders zur Ermittlung der Koordinaten von Punkten, sind Winkelmessungen erforderlich.
Die Winkel werden dabei durch Richtungsmessungen (Richtungsbeobachtungen) von einem Standpunkt aus zu weiteren Punkten mit einem Instrument ermittelt. Ein Winkel wird durch 2 Richtungen (Sehstrahlen) gebildet.

3.4.1 Horizontal- und Vertikalwinkel

Da Punkte im Gelände in der Regel auf unterschiedlichen Höhen liegen, ergeben die direkten Sehstrahlen (Richtungen) räumliche Winkel (Positionswinkel), die in der Vermessungstechnik jedoch nicht verwendet werden.
Entsprechend technischer Darstellungen durch Grund- und Aufriß in Plänen werden auch räumliche Winkel entweder in eine Grundrißebene (Horizontalebene) oder in eine Aufrißebene (Vertikalebene) projiziert *(Abb. 3.4/1)*.
a) Horizontalwinkel: Der Horizontalwinkel läßt sich durch einen horizontal liegenden Teilkreis veranschaulichen. Die Richtungen zu den beiden Punkten 1 und 2 bilden den Winkel β, wobei es keine Rolle spielt, auf welcher Höhe die Punkte liegen.
Die Nullrichtung des Teilkreises ist nicht allgemein festgelegt, der Winkel β läßt sich aus jeder beliebigen Lage des Teilkreises bestimmen *(Abb. 3.4/2)*.
b) Vertikalwinkel: Anders als beim Horizontalkreis, wo es sehr aufwendig wäre, eine exakt feste Nullrichtung (z. B. Nordrichtung) anzugeben, läßt sich in der Vertikalebene das Lot oder die Waagerechte mit einfachen Hilfsmitteln leicht bestimmen. Aus diesem Grund besitzt der Vertikalkreis eine genau definierte senkrechte Nullrichtung. Der Sehstrahl einer Zielrichtung *(Abb. 3.4/3)* bildet dabei mit der Senkrechten den »Zenitwinkel« (Zenitdistanz), mit der Waagerechten den »Höhenwinkel«.

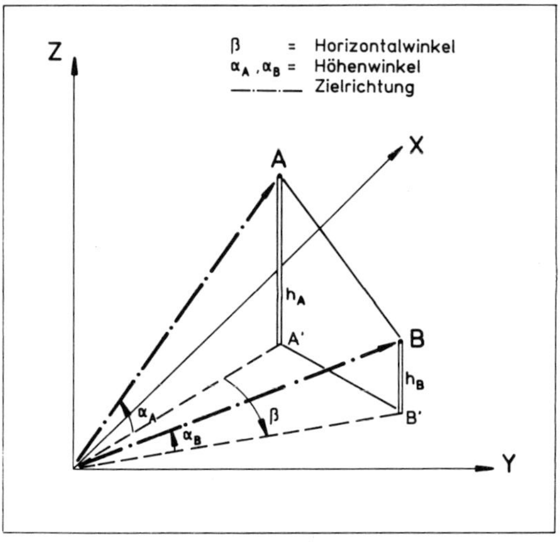

Abb. 3.4/1: Räumliche Winkel

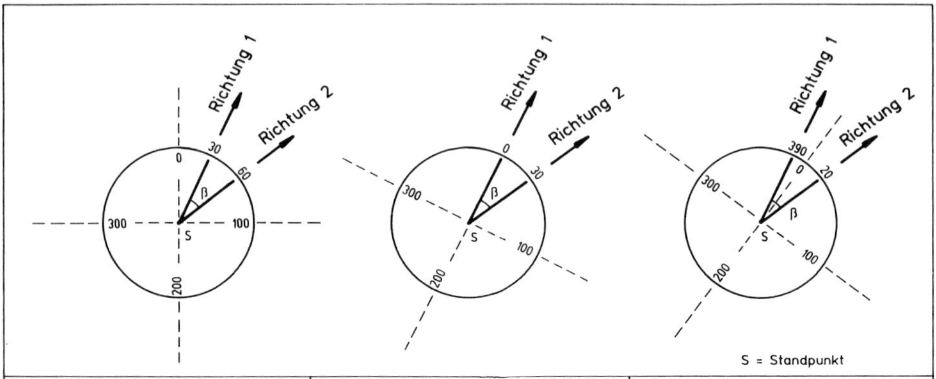

1. Fall:	2. Fall:	3. Fall:
Nullrichtung des Teilkreises beliebig	Richtung 1 = Nullrichtung des Teilkreises	Nullrichtung des Teilkreises zwischen Richtung 1 und Richtung 2
β = 60 - 30 = 30 gon	β = 30 gon	β = (20 + 400) - 390 = 30 gon oder: 390 bis 0 = 10 + 0 bis 20 = 20 + 30 gon
(Differenz der Richtungen)	(läßt sich direkt ablesen)	

Abb. 3.4/2: Horizontale Richtungen am Teilkreis

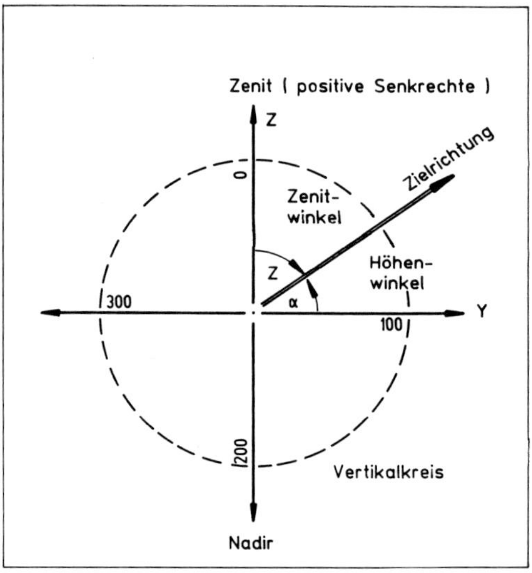

Abb. 3.4/3: Vertikalwinkel

3.4.2 Der Theodolit

Der Theodolit ist ein Instrument zur genauen Bestimmung von Horizontal- und Vertikalwinkeln beliebiger Größe.

3.4.2.1 Bauart des Theodolits

Hauptbestandteile:
- ▷ ein horizontal und vertikal drehbar gelagertes Fernrohr mit Fadenkreuz
- ▷ ein horizontal liegender Teilkreis (Horizontalkreis)
- ▷ ein vertikal stehender Teilkreis (Vertikalkreis)
- ▷ Einrichtungen zum Ablesen der Teilkreise
- ▷ Einrichtungen zum Horizontal- bzw. Senkrechtstellen des Instruments.

Das Fernrohr läßt sich um die Kippachse kippen bzw. ganz durchschlagen oder mitsamt der Stütze um die senkrechte Stehachse *(Abb. 3.4/4).*
Die beiden Teilkreise sind in 400 gon und je nach Genauigkeit des Instruments in weitere Nachkommastellen unterteilt (die gon-Teilung ist heute allgemein üblich).

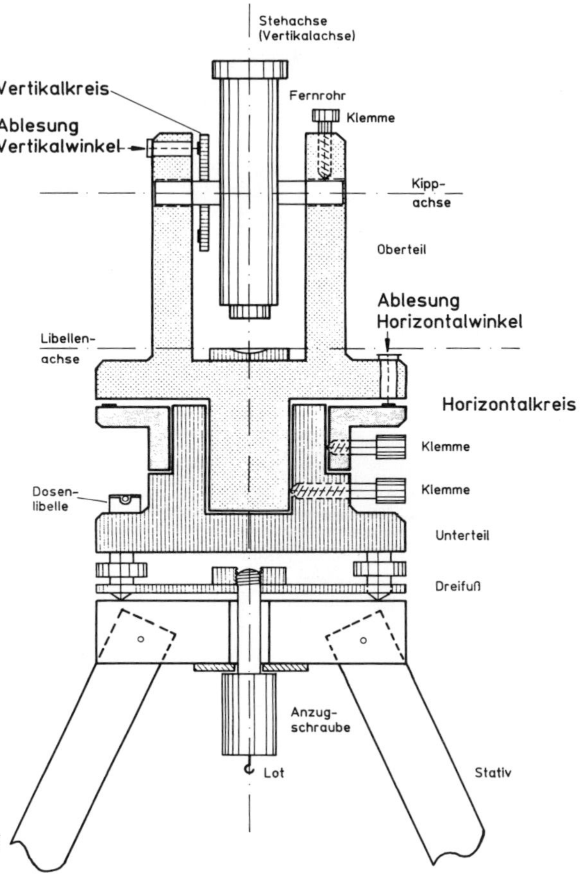

Abb. 3.4/4: Schematische Darstellung eines Theodolits

Während der Horizontalkreis sich unabhängig vom Oberteil (Fernrohr und Stütze) drehen oder feststellen läßt, ist der Vertikalkreis fest mit dem Fernrohr verbunden, so daß er sich beim Auf- und Abkippen des Fernrohrs um die Kippachse mitbewegt und so jede Fernrohrstellung einer bestimmten Vertikalrichtung zugeordnet ist.

Die Ablesung der Teilkreise erfolgt bei einfachen Theodoliten durch einen Teilstrich (Index), bei genaueren Instrumenten wird ein Ausschnitt des Gesamtteilkreises (Glaskreis) über ein optisches System vergrößert und mit Hilfe eines Nonius oder durch ein Skalenmikroskop (Skalentheodolit) über ein separates Ableseokular abgelesen *(Abb. 3.4/5).*

Die neuere Entwicklung im Instrumentenbau geht dahin, daß die Teilkreise elektronisch abgetastet werden und die Richtungen digital auf einem Display erscheinen (Elektronische Theodolite). Solche Instrumente werden meist im Zusammenhang mit elektronischen Distanzmessern verwendet (siehe 5.2).

Ablesung im Skalenmikroskop
Hz = 377,456 gon,
V = 85,532 gon

Abb. 3.4/5: Ablesung am Theodoliten

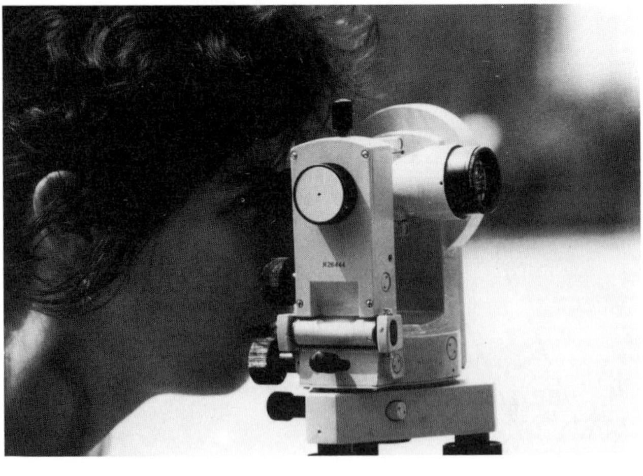

Abb. 3.4/6: Bautheodolit (Zeiss Th 51)

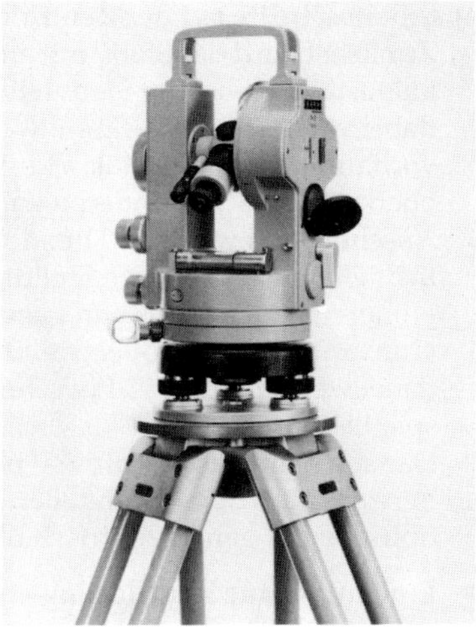

Abb. 3.4/7: Sekundentheodolit (Zeiss Th 2)

▷ Genauigkeit der Winkelmessung: Je genauer ein Theodolit, desto aufwendiger ist die Bauart, desto empfindlicher und teurer ist das Instrument. Da die Genauigkeitsanforderungen je nach Anwendungszweck sehr unterschiedlich sind, werden unterschiedliche Gerätetypen hergestellt:

a) Bautheodolit (Kleintheodolit, Minutentheodolit) *(Abb. 3.4/6)*: Ein relativ robustes Instrument, einfach zu bedienen, mit niederer Genauigkeit (bis 1 cgon, d. h. 1–2 Nachkommastellen), das aber für viele bautechnische Vermessungen ausreichend ist

b) Ingenieurtheodolit: Ein aufwendiger gebautes Instrument mit mittlerer Genauigkeit (bis 1 mgon, d. h. 2–3 Nachkommastellen), das für alle bautechnischen Anwendungen geeignet ist

c) Feinmeßtheodolit (Sekundentheodolit) *(Abb. 3.4/7)*: Hohe und höchste Genauigkeit (bis 0,1 mgon, d. h. 4 Nachkommastellen). Das Instrument wird für amtliche oder spezielle Messungen verwendet, weniger für bautechnische Zwecke.

Da der gemessene Winkel in die Berechnung von Koordinaten und Höhen eingeht, ist das Ergebnis wesentlich von der Genauigkeit der Winkelmessung abhängig *(Tab. 3.4/1)*.

Tab. 3.4/1. Einfluß der Winkelmeßgenauigkeit

Winkelfehler	1 gon	0,1 gon	0,01 gon
Abweichung auf 100 m	ca. 1,60 m	ca. 0,16 m	ca. 0,016 m

3.4.2.2 Aufstellen des Theodolits

Das Aufstellen eines Theodolits erfordert neben Kenntnis des Instruments auch eine gewisse Geschicklichkeit und Erfahrung.

Es kommen 2 Fälle vor:

1. Das Instrument wird genau über einem schon vorhandenen Punkt aufgestellt.
2. Das Instrument wird an beliebiger Stelle aufgestellt und der Standpunkt anschließend eingemessen (freie Stationierung).

Der erste Fall ist der aufwendigere, weil eine »Zentrierung« (genaues Einrichten über dem Punkt) erforderlich wird.

a) Arbeitsschritte bei der Zentrierung:

- ▷ Zunächst wird das Stativ mit angehängtem Fadenlot möglichst genau über dem Punkt aufgestellt, wobei der Stativteller nach Augenmaß horizontal stehen sollte (Stativbeine dabei verstellen!). Das kreuzweise Visieren über den Teller, bei dem man sich an einer vorhandenen horizontalen Linie im Gelände (z. B. Dachtraufe eines Gebäudes, Maueroberkante usw.) orientieren kann, erleichtert diesen Vorgang.
- ▷ Anschließend wird der Theodolit aufgesetzt, wobei die drei Fußschrauben sich gleichmäßig in einer mittleren Stellung befinden sollten, damit genügend Spielraum für ein Höher- oder Tieferdrehen gegeben ist.
- ▷ Nun erfolgt die Grobeinstellung (Grobhorizontierung) mit Hilfe der Dosenlibelle; dabei werden immer 2 Fußschrauben gegenläufig gedreht, bis die Dosenlibelle eingespielt ist.
- ▷ Danach kann das Instrument bei gelockerter Anzugsschraube innerhalb eines kleinen Bereichs auf dem Stativteller verschoben werden, bis sich die Lotspitze oder das optische Lot genau zentrisch über dem Aufstellpunkt befindet.

► **Eine ungenaue Zentrierung ergibt Fehler bei der Winkelmessung!**

Jetzt kann die Feineinstellung, d. h. das Senkrechtstellen der Stehachse (Horizontierung) erfolgen, danach muß die Zentrierung nochmals überprüft und gegebenenfalls nachzentriert bzw. nachhorizontiert werden.
Bei der freien Stationierung (2. Fall) entfällt das umständliche Zentrieren, hierbei kann das Instrument nach dem Aufsetzen auf das Stativ sofort horizontiert werden.

b) Arbeitsschritte bei der Horizontierung:

- ▷ Das Oberteil des Theodolits wird so weit gedreht, bis die Röhrenlibelle parallel zu der Verbindungslinie zweier Fußschrauben steht.
- ▷ Durch gegenläufiges Drehen dieser beiden Fußschrauben wird die Röhrenlibelle nun zum Einspielen gebracht.
- ▷ Danach wird das Oberteil nach Augenmaß um einen rechten Winkel (100 gon) gedreht und die Libelle mit der dritten Fußschraube erneut zum Einspielen gebracht.

Damit steht die Stehachse senkrecht, die Röhrenlibelle muß jetzt bei Drehung des Oberteils in jeder Richtung eingespielt bleiben. Wandert die Blase der Libelle aus der Mittelmarkierung aus, muß der Vorgang wiederholt werden, gegebenenfalls ist ein Justieren der Libelle erforderlich (siehe 3.4.2.3).

3.4.2.3 Fehlerquellen am Theodolit

Durch äußere Beanspruchungen, denen Vermessungsinstrumente unterworfen sind (z. B. Erschütterungen beim Transport, Temperaturschwankungen, unsachgemäße Behandlung usw.), kann es im Laufe der Zeit zu Veränderungen der mechanisch beweglichen Teile (Achsen) *(Abb. 3.4/8)* und damit zu Instrumentenfehlern kommen.
Die 3 häufigsten Instrumentenfehler des Theodolits:
a) Stehachsfehler: Die Stehachse steht nicht senkrecht, selbst bei mehrfacher sorgfältiger Wiederholung des Horizontiervorgangs (siehe 3.4.2.2) wird nicht erreicht, daß die Röhrenlibelle bei jeder Stellung des Oberteils eingespielt bleibt.
In diesem Fall wird eine »Justierung« der Röhrenlibelle erforderlich, die mit verhältnismäßig geringem Aufwand selbst durchgeführt werden kann.

► **Grundsätzlich gilt: Eine nicht richtig eingestellte (dejustierte) Röhrenlibelle zeigt bei Drehung um 200 gon (halbe Umdrehung um die eigene Achse) den doppelten Fehler als Ausschlag.**

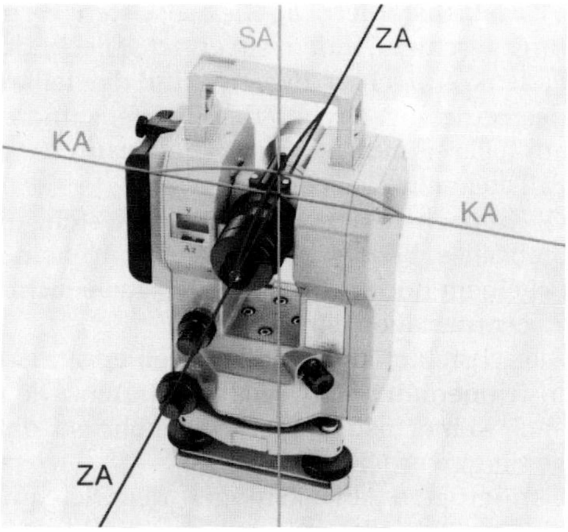

Abb. 3.4/8: Achsen des Theodolits
ZA = Zielachse
KA = Kippachse
SA = Stehachse

Entsprechend wird eine Justierung am Instrument erforderlich, wenn bei eingespielter Libelle nach Drehung um 200 gon ein Ausschlag auftritt. Dieser Ausschlag kann mit den Justierschrauben an der Libelle korrigiert werden. Da der Ausschlag aber dem doppelten Stehachsfehler entspricht, darf er nur zur Hälfte mit den Justierschrauben beseitigt werden.

Stehachsfehler bzw. dejustierte Libellen sind eine der häufigsten Fehlerquellen am Theodolit. Es empfiehlt sich deshalb, bei jeder Aufstellung den Horizontiervorgang um eine Überprüfung der Libelle zu erweitern.

Zunächst wie beschrieben (3.4.2.2):

▷ Libelle parallel zu 2 Fußschrauben und einspielen

▷ Oberteil um 100 gon drehen, Libelle einspielen

Zusätzlich:

▷ Oberteil nun nochmals um 200 gon drehen. Wandert die Libelle jetzt aus der Mittellage aus, liegt eine Dejustierung vor. Der Ausschlag wird zur Hälfte an den Justierschrauben, zur anderen Hälfte an den Fußschrauben beseitigt *(Abb. 3.4/9).*

Dosenlibelle: Die Dosenlibelle sollte bei der Prüfung der Röhrenlibelle gleich mitgeprüft werden. Wenn die Röhrenlibelle in alle Richtungen einspielt, muß auch die Dosenlibelle einspielen. Ein eventueller Ausschlag kann jetzt mit den 3 Justierschrauben der Dosenlibelle beseitigt werden.

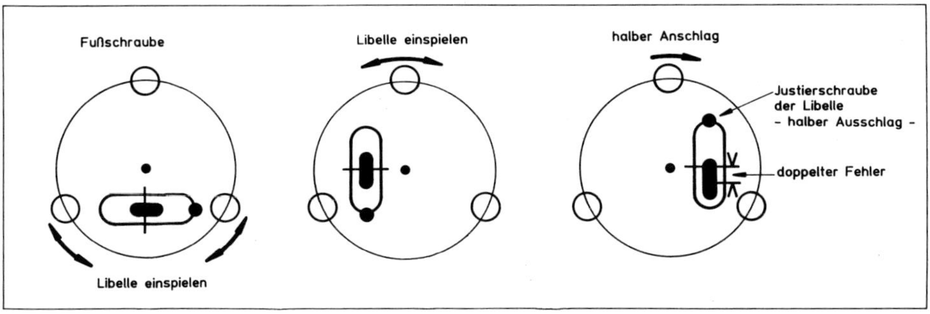

Abb. 3.4/9: Horizontierung

b) Zielachsfehler: Die Zielachse steht nicht senkrecht auf der Kippachse. Die Überprüfung geschieht, indem ein entfernt liegendes Ziel (ca. 100 m) im ebenen Gelände mit dem Fadenkreuz scharf angezielt und der Teilkreis abgelesen wird. Danach »Durchschlagen« des Fernrohrs, Drehen des Oberteils und erneutes Anzielen des Punktes. Die Ablesung am Teilkreis muß jetzt einen genau um 200 gon versetzten Wert ergeben; ist dies nicht der Fall, liegt ein Zielachsfehler vor.
c) Kippachsfehler: Die Kippachse steht nicht waagerecht bzw. nicht rechtwinklig zur Stehachse. Bei der Überprüfung darf kein Zielachsfehler vorliegen. Nun darf sich auch bei einem hoch gelegenen Ziel (steile Sicht bzw. Fernrohrstellung) kein Unterschied aus 2 Fernrohrlagen ergeben.
Zielachsfehler und Kippachsfehler sind reine Instrumentenfehler, die bei modernen Instrumenten relativ selten auftreten. Die meisten neueren Theodolite besitzen hierfür auch keine Justierschrauben mehr, so daß solche Fehler nur in einer Fachwerkstatt beseitigt werden können.
Geringfügige Abweichungen der Ziel- und Kippachse können außerdem durch eine bestimmte Meßanordnung eliminiert werden (siehe 3.4.3).
Der Stehachsfehler dagegen ist ein Aufstellfehler, er kann nicht auf diese Weise ausgeschaltet werden.

► **Der Einfluß der Achsfehler bei annähernd waagerechter Sicht ist gering, er vergrößert sich mit zunehmender Steilheit der Sicht.**

Moderne elektronische Theodolite sind mit einem Zweiachskompensator ausgestattet, der die Stehachsneigung in Ziel- und Kippachsrichtung ermittelt. Die Korrektur wird dann automatisch über einen Mikroprozessor vorgenommen (siehe auch 5.2.2).

3.4.3 Winkelmessung

a) Horizontalwinkel

▷ der Theodolit steht im Scheitel des zu messenden Winkels, der Winkel ergibt sich aus der Differenz der am Teilkreis abgelesenen Richtungen
▷ die Reihenfolge der angezielten Punkte ist rechtsläufig (im Uhrzeigersinn)
▷ die Richtungsablesungen werden in Tabellenform notiert und erst später ausgewertet. So kann die Messung bei eventuellen Unstimmigkeiten nachvollzogen werden.

Da es unanschaulich ist und bei der Auswertung leicht Verwechslungen auftreten, wenn zwischen 2 Richtungsablesungen der Nullpunkt des Teilkreises überschritten wird (vgl. auch Abb. 3.4/2), empfiehlt es sich, bei der Messung den Teilkreis so einzustellen, daß die erste Zielrichtung an beliebiger Stelle, jedoch kurz hinter dem Nullpunkt (etwa im Bereich von 0–10 gon) liegt.
Den Teilkreis beim ersten Ziel ganz auf Null zu stellen, ist nicht empfehlenswert, da hier eine zusätzliche Fehlerquelle liegt. Die Nullsetzung erfolgt besser und weniger aufwendig »rechnerisch« in der Tabelle unter der Bezeichnung »reduziert« *(Abb. 3.4/10).*

▷ Lagenmessung: Für genaue Winkel wird die Messung in beiden »Fernrohrlagen« (Lagenmessung, Lage I, Lage II) durchgeführt. Dazu wird nach Ablesung der Ziele (Lage I) das Fernrohr um 200 gon um die Kippachse gedreht (durchgeschlagen), dann erneut angezielt und die Ablesung wiederholt (Lage II).

Auf diese Weise werden Ablesefehler bzw. -ungenauigkeiten ausgeglichen und Instrumentenfehler (siehe 3.4.2.3) eliminiert.

In der Vermessungstechnik werden folgende Bezeichnungen verwendet:
▷ »Halbsatz«: Messung zu 2 oder mehreren Zielen in einer Fernrohrlage
▷ »Voller Satz«: Messung zu 2 Zielen in Lage I und Lage II
▷ »2 Halbsätze«: Messung zu 2 Zielen in Lage I und Lage II, wobei nach dem Durchschlagen auch der Teilkreis verstellt wurde.

Winkelmessungen in 2 Fernrohrlagen werden sowohl mit optischen als auch mit elektronischen Theodoliten durchgeführt, wenn es auf eine sehr genaue Bestimmung des Winkels ankommt, z. B. bei Polygonzügen (siehe 3.5.2) oder bei Standpunktmessungen (zur Bestimmung des Instrumentenstandpunktes). Bei Geländeaufnahmen (tachymetrische Messungen, siehe Teil 5) werden Winkel (Richtungen) nur in einer Fernrohrlage gemessen.

b) Vertikalwinkel

Bei der Vertikalwinkelmessung ist im Gegensatz zur Horizontalwinkelmessung eine feste Bezugsrichtung vorgegeben (siehe 3.4.1). Bei den meisten Instrumenten ist die Senkrechte nach oben (Zenit) als Nullrichtung festgelegt, so daß der Zenitwinkel abgelesen wird. Das bedeutet:
▷ Fernrohr senkrecht: Ablesung 0 bzw. 200 gon
▷ Fernrohr waagerecht: Ablesung 100 bzw. 300 gon.

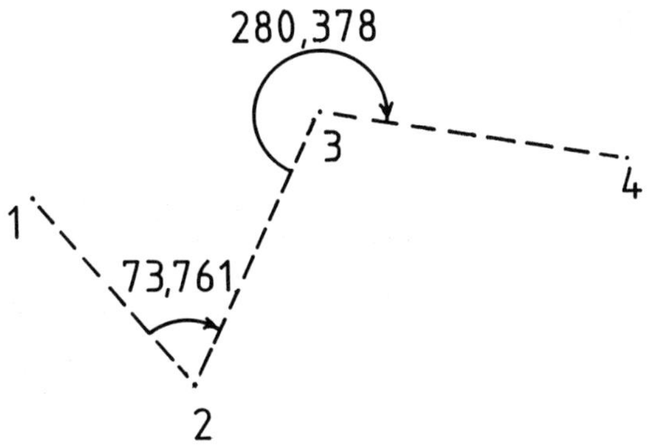

Beobachter: Schmidt
Instrument: T16

Winkelmessung

Standpunkt	Zielpunkt	Ablesung Lage I	Ablesung Lage II	Horizontalwinkelmessung Ablesung I reduziert	Ablesung II reduziert	Satzmittel
1	2	3	4	5	6	7
2	1	1,572	201,584	—	—	
	3	75,346	275,332	73,774	73,748	73,761
3	2	0,834	200,809	—	—	
	4	281,201	81,197	280,367	280,388	280,378

Abb. 3.4/10: Horizontalwinkelmessung

Bei genauen Vertikalwinkelmessungen müssen weitere Fehlerquellen (Höhenindexfehler) berücksichtigt werden. Da solche Messungen im Garten- und Landschaftsbau jedoch kaum vorkommen, soll hier nicht näher darauf eingegangen werden.
Einfache Vertikalwinkelmessungen, z. B. im Zusammenhang mit Geländeaufnahmen (siehe 5.1.2), kommen dagegen häufiger vor. Hierbei kann der Höhenindexfehler in der Regel unberücksichtigt bleiben.
Moderne Ingenieurtheodolite haben meist einen automatischen Höhenindex, wodurch die Vertikalwinkelmessung sehr stark vereinfacht wird.

3.5 Polygonzüge (Ebene Bezugssysteme)

Grundlage einer jeden Lagemessung ist ein Bezugssystem im Gelände, das aus mindestens 2 Bezugspunkten bzw. aus einer oder mehreren Bezugsgeraden besteht.
Bei größeren Ingenieurvermessungen wird das Bezugssystem an das übergeordnete Koordinatensystem (Gauß-Krüger) angebunden, bei kleineren bautechnischen Vermessungen erfolgt meist eine örtliche Festlegung.

3.5.1 Standlinien

Für viele praktische Aufgaben, besonders bei kleineren Projekten (z. B. Hausgärten), genügt **eine** Meßlinie als Bezugslinie. Geeignet für die Festlegung solcher »Standlinien« sind vorhandene, unveränderliche Punkte bzw. Gegenstände im Gelände.
Meist sind diese Punkte auch in vorhandenen Plänen dargestellt, so daß bei Planergänzungen eine Übertragung der Messung in den Plan erfolgen kann.
Beispiele für Standlinien *(Abb. 3.5/1):*
- ▷ Meßlinie zwischen Grenzsteinen
- ▷ Grenzlinie selbst Meßlinie
- ▷ Meßlinie zwischen Gebäudeecken
- ▷ Meßlinie als Verlängerung von Gebäude- bzw. Mauerfluchten
- ▷ Meßlinie zwischen besonderen Merkmalen (z. B. Kanaldeckel, Gullyecke, Ecke Treppenstufe usw.)
- ▷ durch Vermarkung und Einmessung festgelegte Punkte
- ▷ Kombination dieser Möglichkeiten.

Das eigentliche Aufmaß erfolgt dann nach verschiedenen Aufnahmeverfahren (siehe 3.6).

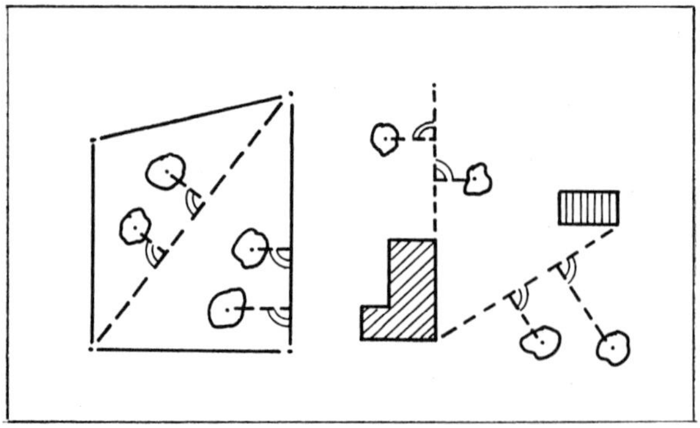

Abb. 3.5/1: Standlinien

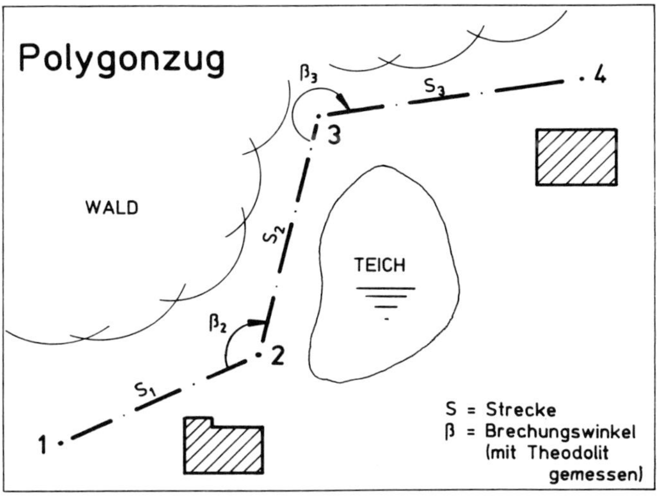

Abb. 3.5/2: Polygonzug

3.5.2 Polygonzüge

Bei größeren Gebieten reicht eine Meßlinie meist nicht mehr aus; es werden nun mehrere Linien verwendet und diese untereinander durch Winkel- und Streckenmessung in Verbindung gebracht. So entsteht ein »Polygonzug« (Streckenzug) *(Abb. 3.5/2).*

Ein Polygonzug in dieser einfachsten Form läßt sich allerdings nicht in einen vorhandenen Plan übertragen, außerdem bietet er keine Kontrollmöglichkeiten für die Messung. Deshalb wird man in der Regel versuchen, einen Polygonzug an vorhandene Punkte (die auch im Plan enthalten sind) anzuschließen, indem als Anfangspunkt solch ein vorhandener Punkt gewählt wird. Außerdem muß die Bezugsrichtung zu einem weiteren bekannten Punkt gemessen werden. Damit ist der Polygonzug »einseitig lage- und richtungsmäßig angeschlossen«, und eine Übertragung in vorhandene Pläne oder Koordinatensysteme ist möglich. Eine Kontrollmöglichkeit der Messung ergibt sich erst, wenn auch als Endpunkt ein ebenfalls bekannter Punkt gewählt wird. Die Kontrolle kann überschlägig zeichnerisch erfolgen, indem der Polygonzug in die vorhandenen Punkte eingepaßt wird, oder rechnerisch genau, indem die Koordinaten der Punkte berechnet und beim Endpunkt mit den vorhandenen Punktkoordinaten verglichen werden.

Bei größeren Projekten des Landschaftsbaus, bei denen es sich meist um in sich geschlossene Bereiche handelt (z. B. Sportplatz, Kinderspielplatz, Parkanlage usw.) ist es oft zweckmäßig, einen »geschlossenen Polygonzug« um das Gebiet zu legen, wobei Anfangs- und Endpunkt zusammenfallen. Dazu kann ein örtliches Koordinatensystem beliebig festgelegt werden, ein Anschluß an die Landeskoordinaten ist meist nicht erforderlich.

Kontrollmöglichkeiten beim geschlossenen Polygonzug:

- ▷ Summenbildung bei der Winkelmessung *(Abb. 3.5/3)*
- ▷ zeichnerisch muß sich der Polygonzug schließen
- ▷ durch Koordinatenberechnung kann der Abschlußfehler genau ermittelt werden.

Arbeitsschritte bei der Polygonierung:

a) Erkundung des Geländes und Festlegung der Polygonpunkte unter folgenden Gesichtspunkten:

- ▷ möglichst wenig Punkte (geringer Aufwand; in manchen Fällen kann es jedoch sinnvoll sein, einen Punkt mehr zu wählen, wenn dadurch z. B. eine aufwendige Streckenmessung entfällt)

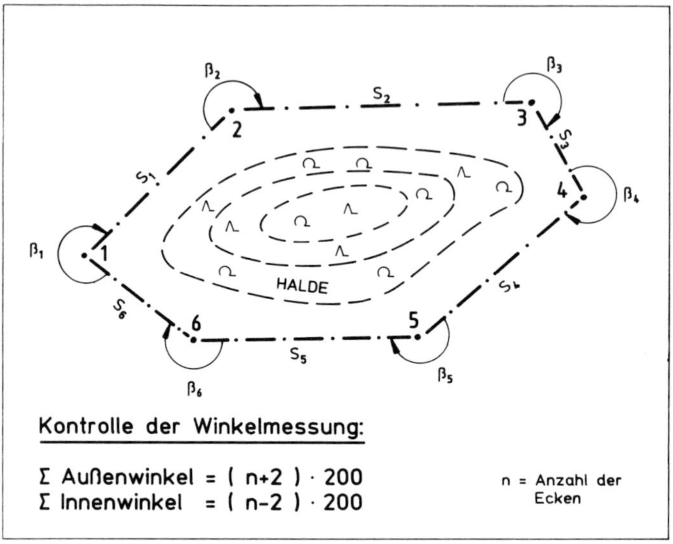

Abb. 3.5/3: Geschlossener Polygonzug

▷ Punktabstände nicht zu unterschiedlich (bessere Fehlerverteilung)
▷ Polygonpunkte bzw. -seiten möglichst dicht an die aufzumessenden Bereiche legen (die Seiten können später als Meßlinien verwendet werden)
▷ gute Sicht zwischen den Punkten (Zuwachsen, Laub im Frühjahr)
▷ Polygonpunkte müssen als Gerätestandpunkt geeignet sein (keine Hausecken, Laternenpfähle usw. wählen, stark befahrene Bereiche meiden)
▷ eine einwandfreie Vermarkung muß möglich sein.

b) Vermarkung der Punkte vor der Messung. Mögliche Vermarkungen (siehe 3.1.1.2). Grundsätzlich Sicherung der Punkte (siehe 3.1.2) durchführen.

c) Streckenmessung (siehe 3.2.2). Bei Messungen mit dem Bandmaß zur Kontrolle unbedingt doppelte Messung durchführen, da gerade hierbei sehr leicht Fehler auftreten.

d) Winkelmessung (siehe 3.4.3). Es werden nur Horizontalwinkel (Horizontalrichtungen) gemessen. (Messung in Lage I und Lage II)

3.5.3 Koordinatenberechnungen

a) Schreibweise: Bei Koordinatenberechnungen werden die Bezeichnungen und Schreibweisen verwendet, die *Tab. 3.5/1* angibt.

Tab. 3.5/1 Schreibweisen nach DIN 18 709

Bezeichnung	Schreibweise
Koordinaten des Punktes P_1	y_1; x_1
Koordinatenunterschiede der Punkte P_1 und P_2	$\Delta y_{1,2}$; $\Delta x_{1,2}$
Richtungswinkel von P_1 nach P_2	$t_{1,2}$
Strecke von P_1 nach P_2	$s_{1,2}$
Brechungswinkel im Punkt P_1	β_1

b) Richtungswinkel: Sollen die rechtwinkligen Koordinaten eines oder mehrerer Punkte in einem Koordinatensystem neu berechnet werden, so geschieht dies mit Hilfe des »Richtungswinkels«.
Der Richtungswinkel gibt an, welche »Richtung« eine durch 2 Punkte P_1 und P_2 gebildete Strecke bezogen auf die senkrechte Achse (x-Achse) des Koordinatensystems hat *(Abb. 3.5/4).*
Der Richtungswinkel kann für diese Strecke sowohl in P_1 als auch in P_2 angegeben werden, wobei sich die beiden Richtungswinkel um 200 gon unterscheiden.

$$\mathbf{t_{2,1} = t_{1,2} \pm 200}$$

Rechenbeispiel:
$t_{1,2} = 40{,}967$ gon
$t_{2,1} = 40{,}967 + 200 = 240{,}967$ gon
$\quad \triangleq 40{,}967 - 200 \triangleq (40{,}967 + 400) - 200 = 240{,}967$ gon

► **Der Richtungswinkel wird nicht gemessen, sondern muß selbst ermittelt werden.**

Definition:
▷ Der Richtungswinkel $t_{1,2}$ einer Strecke $s_{1,2}$ ist der Winkel im Punkt P_1 zwischen der positiven x-Richtung und der Strecke $s_{1,2}$. Die Drehung erfolgt von der x-Richtung ausgehend rechtsläufig (im Uhrzeigersinn)
▷ Der Richtungswinkel $t_{2,1}$ einer Strecke $s_{1,2}$ ist entsprechend der Winkel im Punkt 2 zwischen positiver x-Richtung und Strecke $s_{1,2}$; Drehung ebenfalls im Uhrzeigersinn.

c) Berechnung des Richtungswinkels: Sind die Koordinaten der Punkte P_1 und P_2 bekannt *(vgl. Abb. 3.5/5)*, dann läßt sich daraus der Richtungswinkel berechnen:

$$\tan t_{1,2} = \frac{y_2 - y_1}{x_2 - x_1} = \frac{\Delta y_{1,2}}{\Delta x_{1,2}}$$

Rechenbeispiel:

Gegeben:	P1 :	$y_1 = 10{,}0$	$x_1 = 20{,}0$
	P2 :	$y_2 = 40{,}0$	$x_2 = 60{,}0$
		$\Delta y_{1,2} = 30{,}0$	$\Delta x_{1,2} = 40{,}0$

$$\arctan \frac{30{,}0}{40{,}0} = 40{,}967 \text{ gon} = t_{1,2}$$

$$\textbf{Strecke } s_{1,2} = \sqrt{\Delta y_{1,2}^2 + \Delta x_{1,2}^2} \text{ (Pythagoras)}$$

$$= \sqrt{30{,}0^2 + 40{,}0^2} = 50{,}0 \text{ m}$$

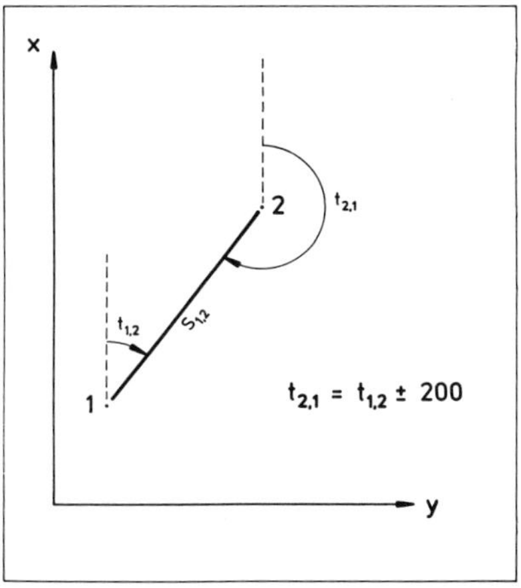

Abb. 3.5/4: Richtungswinkel

Je nach Lage der gegebenen Punkte P_1 und P_2 im Koordinatensystem kann der Richtungswinkel t alle Werte von 0 bis 400 gon annehmen.
Zur Veranschaulichung dient Abb. 3.5/6 (der Richtungswinkel wird hier aus dem Betrag der Koordinatenunterschiede Δy und Δx gebildet – d. h. unabhängig vom Vorzeichen).
Für die praktische Anwendung (z. B. Berechnung des Richtungswinkels mit Taschenrechner) empfiehlt sich die direkte Berechnung aus den **vorzeichentreuen** Koordinatenunterschieden Δy und Δx:

$$t = \arctan \frac{\Delta y}{\Delta x}$$ Richtungswinkel

Δx	Funktion	Richtungswinkel t
+	+ arc tan	Anzeige + 400
–	– arc tan	Anzeige + 200
–	+ arc tan	Anzeige + 200
+	– arc tan	Anzeige + 400

► **Arbeitsschritte Berechnung des Richtungswinkels mit Taschenrechner:**

1. Bilde aus bekannten Koordinaten
   $\frac{\Delta y}{\Delta x}$ mit Eingabe des richtigen Vorzeichens
2. Bilde arc tan (bei Taschenrechnern meist $\tan^{-1}$), vorzeichentreu!
3. **Bei positiven (+) Δx → addiere + 400 gon**
   Bei negativen (–) Δx → addiere + 200 gon **Merkregel!**
   Beispiel *(siehe Abb. 3.5/6)*

d) Richtungswinkel und gemessener Winkel: Der Richtungswinkel einer Strecke, die durch 2 bekannte Punkte P_1 und P_2 gebildet wird, läßt sich in jedem der beiden Punkte ermitteln (s. o.).
Werden nun von einem dieser beiden Punkte (z. B. von P_2) der Winkel und die Strecke zu einem neuen Punkt P_3 gemessen, so lassen sich mit diesen Werten die Koordinaten des Punktes berechnen (polares Anhängen) *(Abb. 3.5/7).*

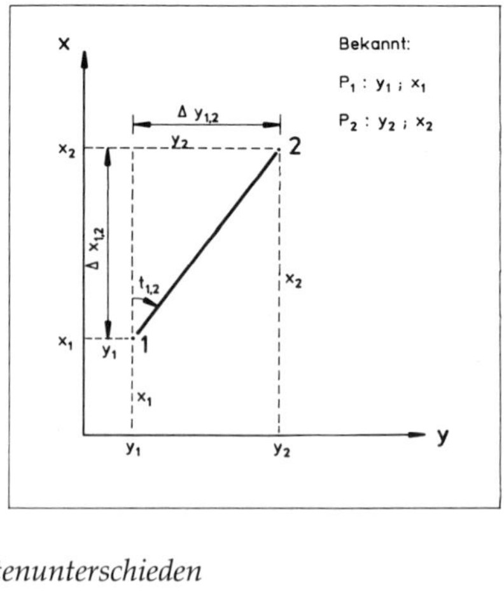

Abb. 3.5/5: Berechnung des Richtungswinkels

Abb. 3.5/6 (rechte Seite): Richtungswinkel aus Koordinatenunterschieden

Richtungswinkel	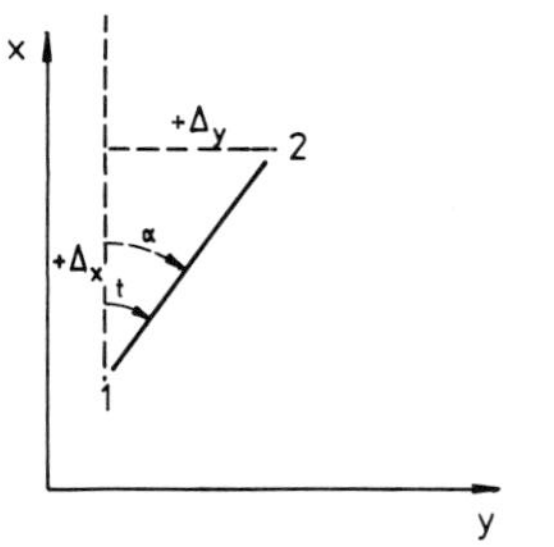	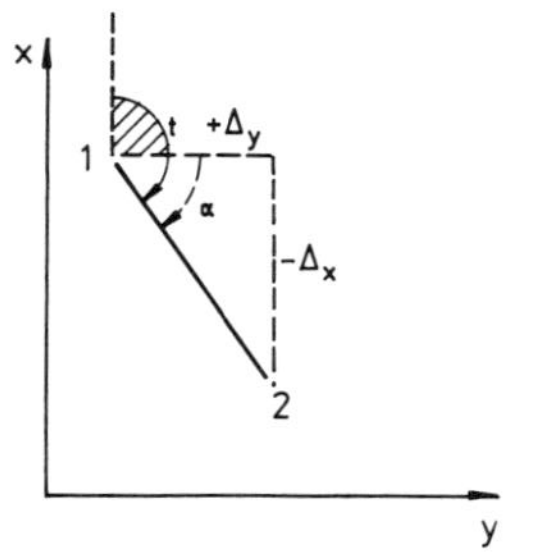	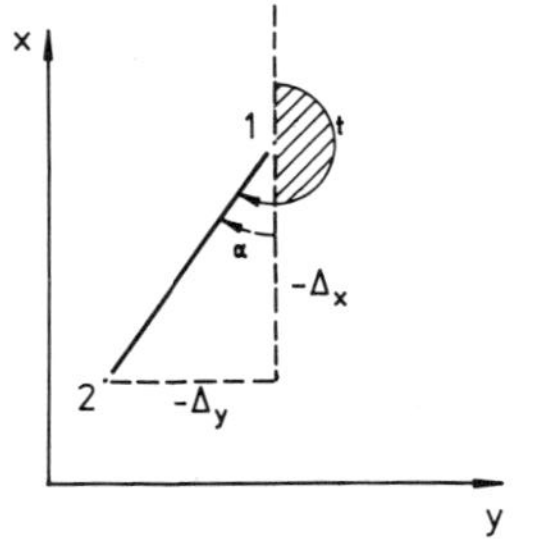	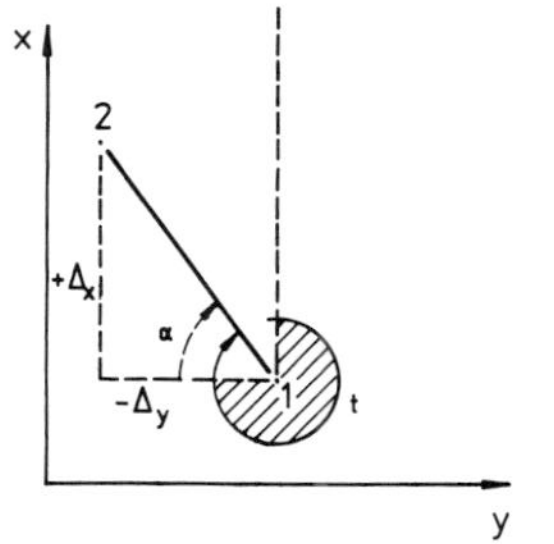
Quadrant	I	II	III	IV
Vorzeichen $\frac{\Delta y}{\Delta x}$	$\frac{\Delta y}{\Delta x} \quad \frac{+}{+}$	$\frac{\Delta y}{\Delta x} \quad \frac{+}{-}$	$\frac{\Delta y}{\Delta x} \quad \frac{-}{-}$	$\frac{\Delta y}{\Delta x} \quad \frac{-}{+}$
α aus $\frac{\lvert\Delta y\rvert}{\lvert\Delta x\rvert}$	$\tan\alpha = \frac{\lvert\Delta y\rvert}{\lvert\Delta x\rvert}$	$\cot\alpha = \frac{\lvert\Delta y\rvert}{\lvert\Delta x\rvert} = \frac{1}{\tan\alpha}$	$\tan\alpha = \frac{\lvert\Delta y\rvert}{\lvert\Delta x\rvert}$	$\cot\alpha = \frac{\lvert\Delta y\rvert}{\lvert\Delta x\rvert} = \frac{1}{\tan\alpha}$
Richtungswinkel	$t_{1,2} = \alpha$	$t_{1,2} = \alpha + 100$	$t_{1,2} = \alpha + 200$	$t_{1,2} = \alpha + 300$
Beispiel: 1. Berechnung nach Lage im Quadranten aus absoluten Δy und Δx	y | x P_1: 10,0 | 20,0 P_2: 40,0 | 60,0 Δy = +30,0 | Δx = +40,0 $t_{1,2} = \arctan\frac{\lvert 30\rvert}{\lvert 40\rvert} = 40{,}967$ gon	y | x P_1: 10,0 | 60,0 P_2: 40,0 | 20,0 Δy = +30,0 | Δx = –40,0 $t_{1,2} = \arctan\frac{\lvert 40\rvert}{\lvert 30\rvert} + 100 = 159{,}033$ gon	y | x P_1: 40,0 | 60,0 P_2: 10,0 | 20,0 Δy = –30,0 | Δx = –40,0 $t_{1,2} = \arctan\frac{\lvert 30\rvert}{\lvert 40\rvert} + 200 = 240{,}967$ gon	y | x P_1: 40,0 | 20,0 P_2: 10,0 | 60,0 Δy = –30,0 | Δx = +40,0 $t_{1,2} = \arctan\frac{\lvert 40\rvert}{\lvert 30\rvert} + 300 = 359{,}033$ gon
2. Berechnung aus vorzeichentreuen Δy und Δx	$\arctan\left(\frac{+30}{+40}\right) = +40{,}967$ Δx $\boxed{+}$ → + 400 $t_{1,2} = +40{,}967 + 400 = 440{,}967$ gon ≙ 40,967 gon	$\arctan\left(\frac{+30}{-40}\right) = -40{,}967$ Δx $\boxed{-}$ → + 200 $t_{1,2} = -40{,}967 + 200 = 159{,}033$ gon	$\arctan\left(\frac{-30}{-40}\right) = +40{,}967$ Δx $\boxed{-}$ → + 200 $t_{1,2} = +40{,}967 + 200 = 240{,}967$ gon	$\arctan\left(\frac{-30}{+40}\right) = -40{,}967$ Δx $\boxed{+}$ → + 400 $t_{1,2} = -40{,}967 + 400 = 359{,}033$ gon

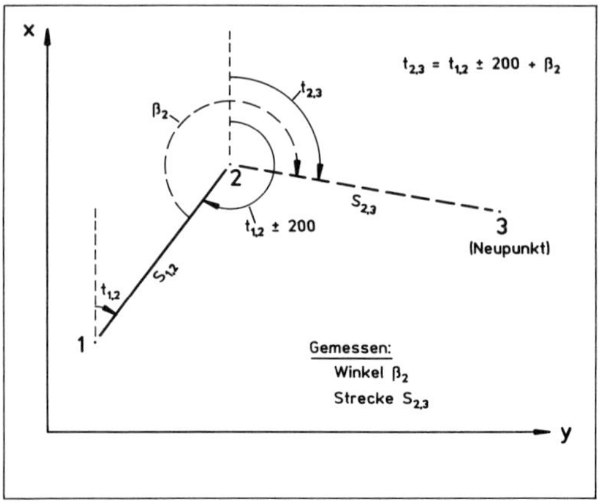

Abb. 3.5/7: Polares Anhängen eines Neupunktes

Zuerst wird der Richtungswinkel der neuen Strecke $s_{2,3}$ ermittelt:

$\mathbf{t_{2,3} = t_{1,2} \pm 200 + \beta_2}$ allgemein: $\mathbf{t_{i,i+1} = t_{i-1,i} \pm 200 + \beta_i}$

Rechenbeispiel:

Bekannt:	P_1 (10,0; 20,0)	Gemessen:	β_2	= 270,0 gon
	P_2 (40,0; 60,0)		$s_{2,3}$ =	60,0 m

$t_{1,2}$ = 40,967 gon (s. o.)
$t_{2,3}$ = 40,962 – 200 + 270,0 = 110,962 gon

Ist der Richtungswinkel bekannt, lassen sich mit Hilfe der gemessenen Brechungswinkel weitere Richtungswinkel angehängter Strecken ermitteln.

e) Berechnung der Koordinaten: Mit Hilfe der Richtungswinkel werden die »Koordinatenunterschiede« der neuen Punkte berechnet, durch Summation ergeben sich daraus die gesuchten Koordinaten *(Abb. 3.5/8).*

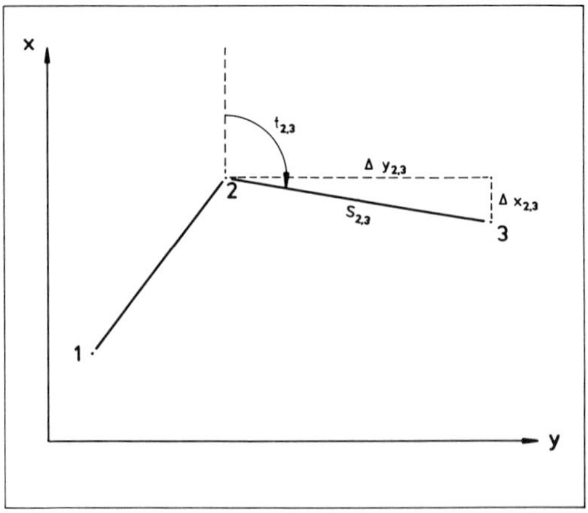

Abb. 3.5/8: Koordinatenberechnung eines Neupunktes

Koordinatenunterschiede:

$\mathbf{\Delta y_{2,3} = s_{2,3} \cdot \sin t_{2,3}}$ allgemein: $\mathbf{\Delta y_{i,i+1} = s_{i,i+1} \cdot \sin t_{i,i+1}}$

$\mathbf{\Delta x_{2,3} = s_{2,3} \cdot \cos t_{2,3}}$ $\mathbf{\Delta x_{i,i+1} = s_{i,i+1} \cdot \cos t_{i,i+1}}$

Rechenbeispiel:
Bekannt: $t_{2,3} = 110{,}962$ gon $s_{2,3} = 60{,}0$ m

$\Delta y_{2,3} = 60{,}0 \cdot \sin 110{,}962 = 59{,}12$ m
$\Delta x_{2,3} = 60{,}0 \cdot \cos 110{,}962 = -10{,}28$ m

Hinweis: Winkelfunktionen hier im II. Quadrant!

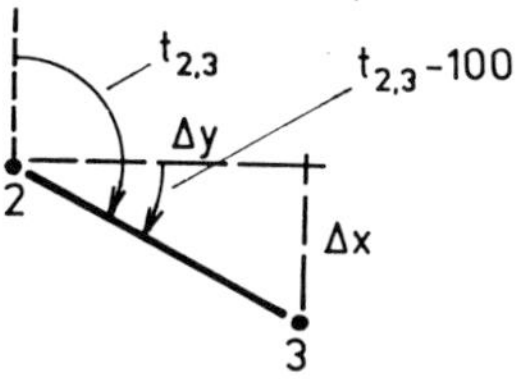

$\sin t_{2,3} = \cos (t_{2,3} - 100)$
$\cos t_{2,3} = -\sin (t_{2,3} - 100)$

Allgemein gilt:

Quadrant	I	II	III	IV
t	0 bis 100	100 bis 200	200 bis 300	300 bis 400
sin	+sin	+cos	–sin	–cos
cos	+cos	–sin	–cos	+sin

Beim Einsatz von Taschenrechnern wird der Quadrant bzw. das Vorzeichen automatisch berücksichtigt.

Koordinaten des Neupunktes P_3:

$\mathbf{y_3 = y_2 + \Delta y_{2,3}}$ allgemein: $\mathbf{y_{i+1} = y_i + \Delta y_{i,i+1}}$

$\mathbf{x_3 = x_2 + \Delta x_{2,3}}$ $\mathbf{x_{i+1} = x_i + \Delta x_{i,i+1}}$

Rechenbeispiel:
$y_3 = 40{,}0 + 59{,}12 = 99{,}12$
$x_3 = 60{,}0 + (-10{,}28) = 49{,}72$

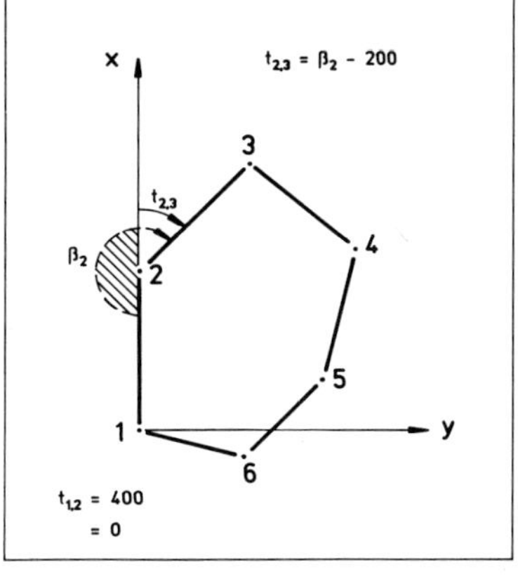

Abb. 3.5/9: Festlegung der Koordinatenachsen

Bei der Berechnung von Polygonzügen in örtlichen Koordinatensystemen kann die x-Richtung frei gewählt werden. Häufig werden der erste Polygonpunkt als Koordinatennullpunkt und die erste Strecke als x-Achse festgelegt. Damit liegen auch die Richtungswinkel in diesen beiden Punkten fest *(Abb. 3.5/9)*.

Strecken:	Brechungswinkel (gemessen)
$S_{1,2}$ = 66,40m	β_1 = 282,28 gon
$S_{2,3}$ = 76,16m	β_2 = 317,50 gon
$S_{3,4}$ = 64,06m	β_3 = 300,61 gon
$S_{4,1}$ = 57,47m	β_4 = 299,57 gon

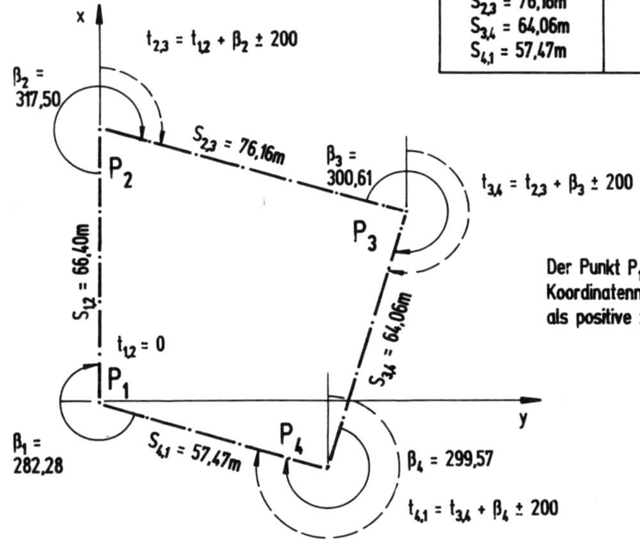

Der Punkt P_1 wurde hier als Koordinatennullpunkt, die Richtung P_1 - P_2 als positive x-Achse gewählt

Punkt	β	t	s	Δy = s · sin t	Δx = s · cos t	y	x
1						0,0	0,0
		0,0	66,40	-1 0,00	-1 66,40		
2	+1 317,50					-0,01	66,39
		117,51	76,16	-1 73,30	-1 -20,68		
3	+1 300,61					73,28	45,70
		218,13	64,06	-1 -18,00	- 61,48		
4	+1 299,57					55,27	-15,78
		317,71	57,47	-1 -55,26	15,78		
1	+1 282,28					0,0	0,0
			Σs = 264,09	ΣΔy = +0,04	ΣΔx = +0,02		
				fy = -0,04	fx = - 0,02		

Σ ist : 1199,96
Σ soll : 1200,00
0,04 gon verteilen

Winkelfehler

Verteilung:

$v_{y1} = \frac{fy}{\Sigma s} \cdot s_1$ $\quad v_{x1} = \frac{fx}{\Sigma s} \cdot s_1$

u.s.w.

Verteilung des Koordinatenabschlußfehlers proportional zur Länge der gemessenen Strecken

Abb. 3.5/10: Berechnung eines geschlossenen Polygonzuges

Die Berechnung wird dann entsprechend der vorher erläuterten Rechenschritte von Punkt zu Punkt fortgesetzt. Dabei ist es üblich, in Tabellenform zu rechnen.
Ein Beispiel für die Berechnung eines geschlossenen Polygonzuges zeigt *Abb. 3.5/10.*
Bei der Messung von Polygonzügen können Fehler bei der Winkelmessung und bei der Streckenmessung auftreten. Für amtliche Vermessungen gibt es genau definierte Fehlergrenzen, bei bautechnischen Vermessungen richtet sich die zulässige Größe des Fehlers nach dem Verwendungszweck.
Fehlerkontrolle bei der Winkelmessung:

Summe der Außenwinkel = (n + 2) · 200 n = Anzahl der Punkte (Ecken)
Summe der Innenwinkel = (n – 2) · 200

Die Abweichung w_β wird gleichmäßig auf die Winkel verteilt.

Fehlerverteilung bei der Streckenmessung: Fehler aus der Streckenmessung bleiben bei der Rechnung unerkannt. Sie gehen in den Koordinatenabschlußfehler ein, der im Verhältnis der Polygonseitenlängen auf die einzelnen Koordinatenunterschiede verteilt wird:

$$v_{yi} = \frac{f_y}{[s]} \cdot s_i$$ [s] Summe aller Seitenlängen

$$v_{xi} = \frac{f_x}{[s]} \cdot s_i$$ f_y; f_x Koordinatenabschlußfehler

Heute gibt es leistungsfähige EDV-Programme zur Berechnung von Polygonzügen, auch für kleinere Computer, so daß eine Berechnung von Hand in der Praxis kaum noch vorkommt.

3.6 Aufnahmeverfahren

Das eigentliche »Aufnehmen« (Aufmessen) von Punkten im Gelände kann nach verschiedenen Methoden erfolgen. Dabei sollten die Punkte mit geringstem Meßaufwand möglichst genau und eindeutig erfaßt werden, so daß sie auf einfache Weise in einen Plan übertragen (kartiert) werden können, bzw. daß sich ihre Koordinaten berechnen lassen.

3.6.1 Dreiecksmessung

Ein beliebiges Dreieck ist durch die Länge seiner Seiten eindeutig bestimmt. Entsprechend müssen bei der Dreiecksmessung 2 bekannte Punkte (d. h. 1 Seite) vorhanden sein, von denen aus die beiden Strecken zu dem neuen Punkt gemessen werden. Das so entstandene Dreieck sollte annähernd gleichseitig sein *(Abb. 3.6/1).*
Kleinräumig erfolgt die Dreiecksmessung mit dem Bandmaß ohne weitere Hilfsmittel und ist damit schnell und einfach durchzuführen. Geeignet ist das Verfahren, wenn nur wenige Punkte erfaßt werden müssen, beim Einmessen und Sichern von Punkten (siehe 3.1.2), als Kontrollmaß oder bei Abrechnungsaufmaßen (siehe 6.1.1).
Großräumig kommt das Verfahren bei der Landesvermessung zur Anwendung (Triangulation, Trilateration) in Verbindung mit aufwendigen Meßgeräten.

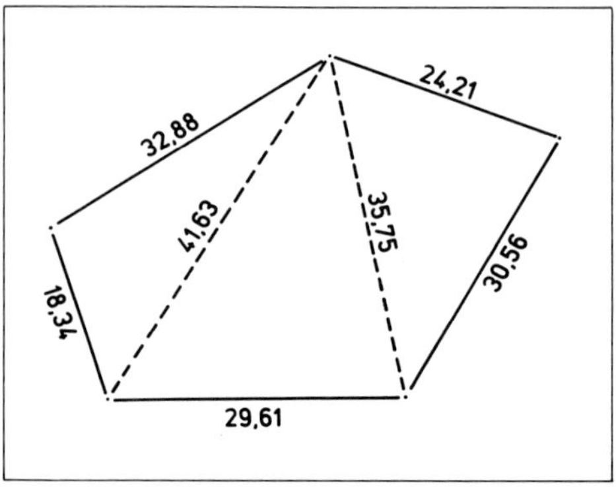

Abb. 3.6/1: Dreiecksmessung

Abb. 3.6/2: Einbindeverfahren

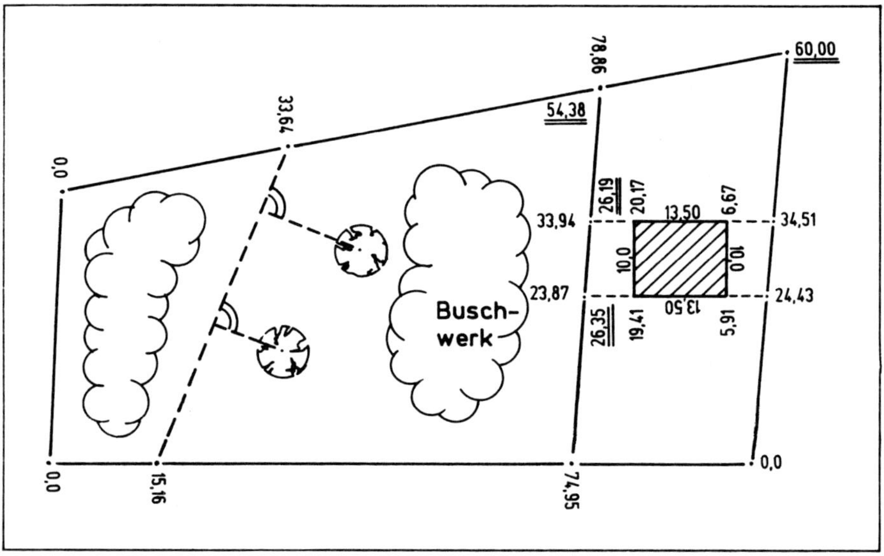

3.6.2 Einbinden

Bei dieser Methode werden einzelne Aufnahmelinien beidseitig verlängert und mit übergeordneten Meßlinien (z. B. Grenzlinien, Polygonseiten) zum Schnitt gebracht. Auch Gebäudefluchten, Einfassungen, Ränder usw. können auf diese Weise eingebunden werden *(Abb. 3.6/2)*.
Das Verfahren wurde früher überwiegend bei Liegenschaftsvermessungen angewendet, z. B. beim Einmessen von Gebäuden auf Grundstücksgrenzen. Für bautechnische Aufmaße hat es keine große Bedeutung, gegebenenfalls kommt es in Kombination mit anderen Verfahren zur Anwendung, z. B. wenn eine neue Standlinie durch Einbinden festgelegt werden soll.
An Geräten sind nur Fluchtstäbe und ein Bandmaß erforderlich.

3.6.3 Rechtwinkelverfahren

Bei dem Rechtwinkelverfahren (Orthogonalverfahren) werden die Lote der aufzunehmenden Punkte mit dem Winkelprisma gefällt, d. h. die Lotfußpunkte auf einer Meßlinie bestimmt und eingemessen (siehe 3.3.2). Dabei kann die Meßlinie eine örtlich festgelegte Standlinie, eine Polygonseite oder eine eingebundene Linie in einem System von Meßlinien sein *(Abb. 3.6/3).*

Die Standlinie (Abszisse) sollte möglichst nahe an dem aufzunehmenden Bereich verlaufen, gegebenenfalls mitten hindurch, damit die rechtwinkligen Abstände zu den Aufnahmepunkten (Ordinaten) möglichst kurz sind.

Durchführung:

▷ 30 m Ordinatenlänge (Bandmaßlänge) sollten nicht zu häufig überschritten werden

▷ bei mehreren Aufnahmepunkten werden zuerst sämtliche Lote gefällt und mit Zählnadeln markiert, danach erfolgt das Einmessen

▷ auf der Abszisse wird fortlaufend gemessen (siehe 3.2.2), damit sich Meßfehler nicht addieren.

Das Rechtwinkelverfahren eignet sich wegen des geringen Aufwandes an Geräten (nur Prisma, Bandmaß und Fluchtstäbe) für Aufmaße kleinerer und mittlerer Größenordnung und kommt im Garten- und Landschaftsbau häufig zur Anwendung.

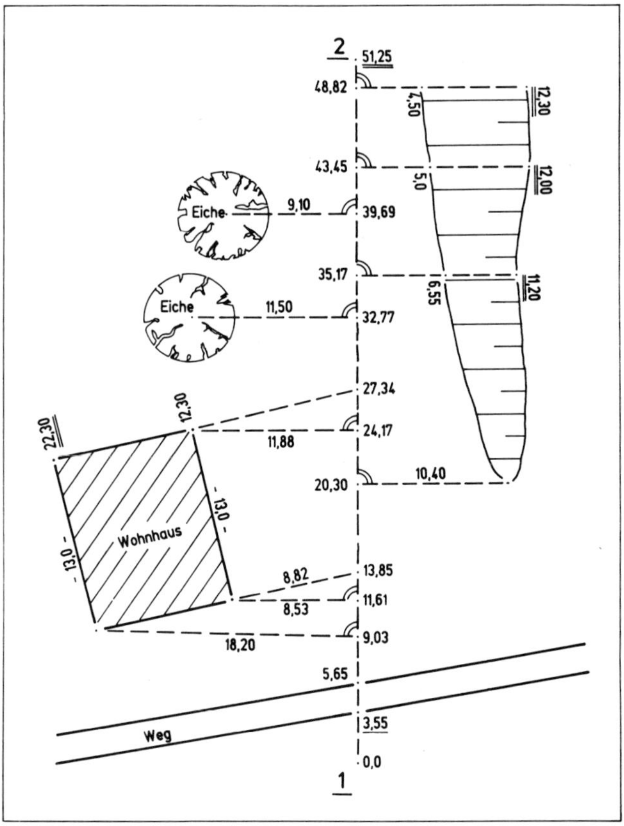

Abb. 3.6/3: Rechtwinkelverfahren

3.6.4 Polarverfahren

Bei dem Polarverfahren werden die aufzunehmenden Punkte von einem Standpunkt aus durch Richtung (Winkel) und Entfernung erfaßt (Polarkoordinaten) *(Abb. 3.6/4).*

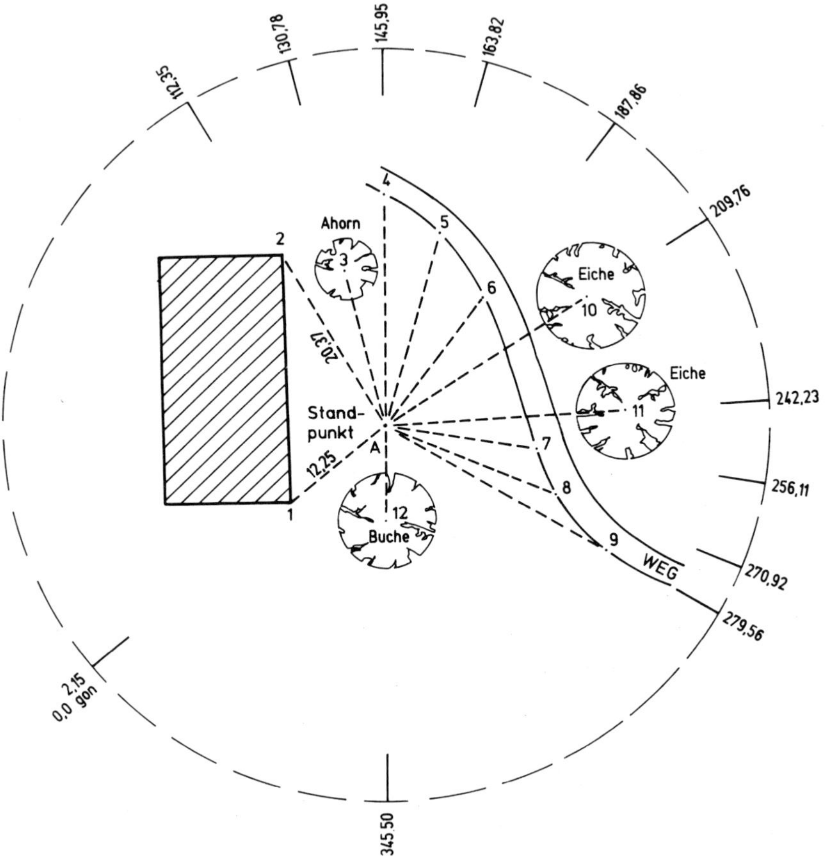

Stand-punkt	Ziel	Richtung	Entfernung	Bemerkung
A	1	2,15	12,25	Hausecke
"	2	112,35	20,37	Hausecke
"	3	130,78	16,10	Ahorn ϕ 7 m
"	4	145,95	23,83	Wegrand
"	5	163,82	20,16	"
"	6	187,76	16,03	"
"	7	256,11	15,41	"
"	8	270,92	18,33	"
"	9	279,56	25,50	"
"	10	209,76	24,42	Eiche ϕ 10 m
"	11	242,23	24,08	Eiche ϕ 9 m
"	12	345,50	9,75	Buche ϕ 8m

Abb. 3.6/4: Polarverfahren

Als Standpunkt können sowohl vorhandene Punkte (z. B. Polygonpunkte, Grenzsteine usw.) als auch beliebige Punkte, die dann eingemessen werden müssen, verwendet werden. Der Standpunkt sollte möglichst zentral im Bereich der aufzunehmenden Punkte liegen. Für die Richtungsmessung muß außerdem eine Bezugsrichtung vorhanden sein (Ziel zu bekanntem Punkt) oder festgelegt werden.
Die Feldbuchführung erfolgt zweckmäßig in einer kleinen Lageskizze mit den fortlaufend numerierten Punkten und einer dazugehörenden Tabelle.
Das Polarverfahren erfordert einen Theodolit zur Horizontalwinkelmessung (oder ein Nivellier mit Teilkreis), die Streckenmessung erfolgt im einfachsten Fall mit dem Bandmaß, wobei die Punkte im Bereich der Bandmaßlänge liegen sollten. Insbesondere unregelmäßige Flächen lassen sich so gut aufnehmen.
Auf dem gleichen Grundprinzip, jedoch mit anderen Methoden der Entfernungsmessung, beruhen tachymetrische Verfahren mit modernen elektronischen Vermessungsgeräten, die ausschließlich nach dem Polarverfahren arbeiten (siehe 5.2).

3.7 Schreibweise und Darstellung

In vermessungstechnischen Darstellungen (Handrisse, Feldskizzen, Aufmaßprotokolle, Absteckpläne usw.) müssen meist viele Zahlenangaben auf engem Raum untergebracht werden. Für amtliche Vermessungsrisse ist dafür die Darstellung und Schreibweise der Maße genormt (DIN 18 702 »Zeichen für Vermessungsrisse, großmaßstäbige Karten und Pläne«). Um eine gute Übersichtlichkeit zu erreichen und Verwechslungen zu vermeiden, empfiehlt es sich, bei bautechnischen Vermessungsaufzeichnungen diese Darstellungsweise zu übernehmen.
Hauptregeln zur Darstellung *(Abb. 3.7/1)*:

- ▷ alle Meßlinien werden als »unsichtbare Linien« gestrichelt dargestellt, im Gegensatz zu »sichtbaren Linien« wie z. B. Wegeränder, Mauerkanten usw.
- ▷ keine zusätzlichen Maßketten oder Maßpfeile zeichnen, sondern die Maße direkt an die Meßlinien schreiben
- ▷ fortlaufend gemessene Längen senkrecht zur Meßlinie schreiben, dabei die Zahlen mit dem Fuß zum Anfangspunkt anordnen
- ▷ das Maß zwischen 2 Punkten auf die Meßlinie mittig zwischen die Punkte schreiben.

Die Darstellung von Geländeformen verdeutlicht *Abb. 3.7/2.*

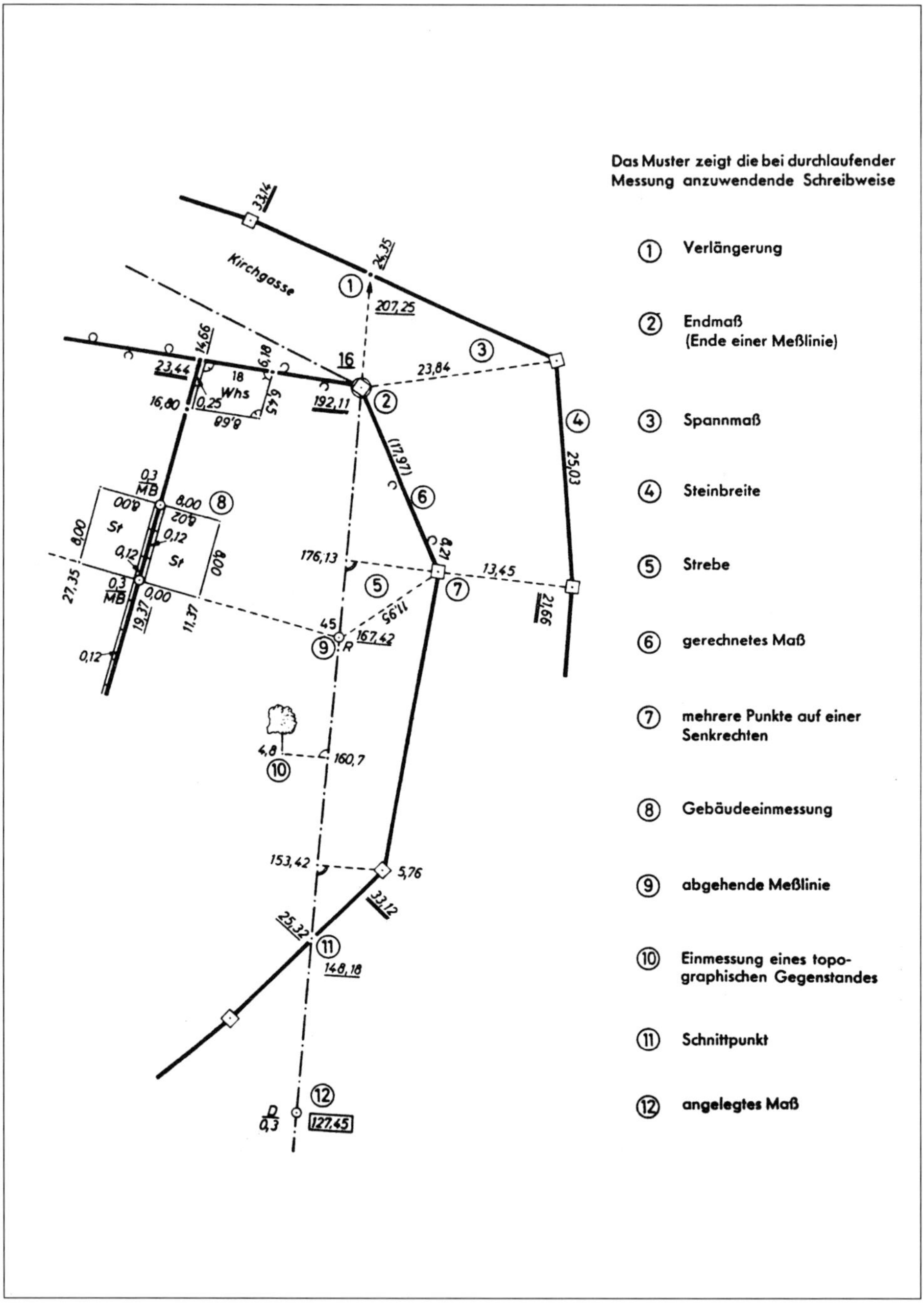

Abb. 3.7/1: Schreibweise und Darstellung von Maßzahlen nach DIN 18 702 (Quelle: DIN)

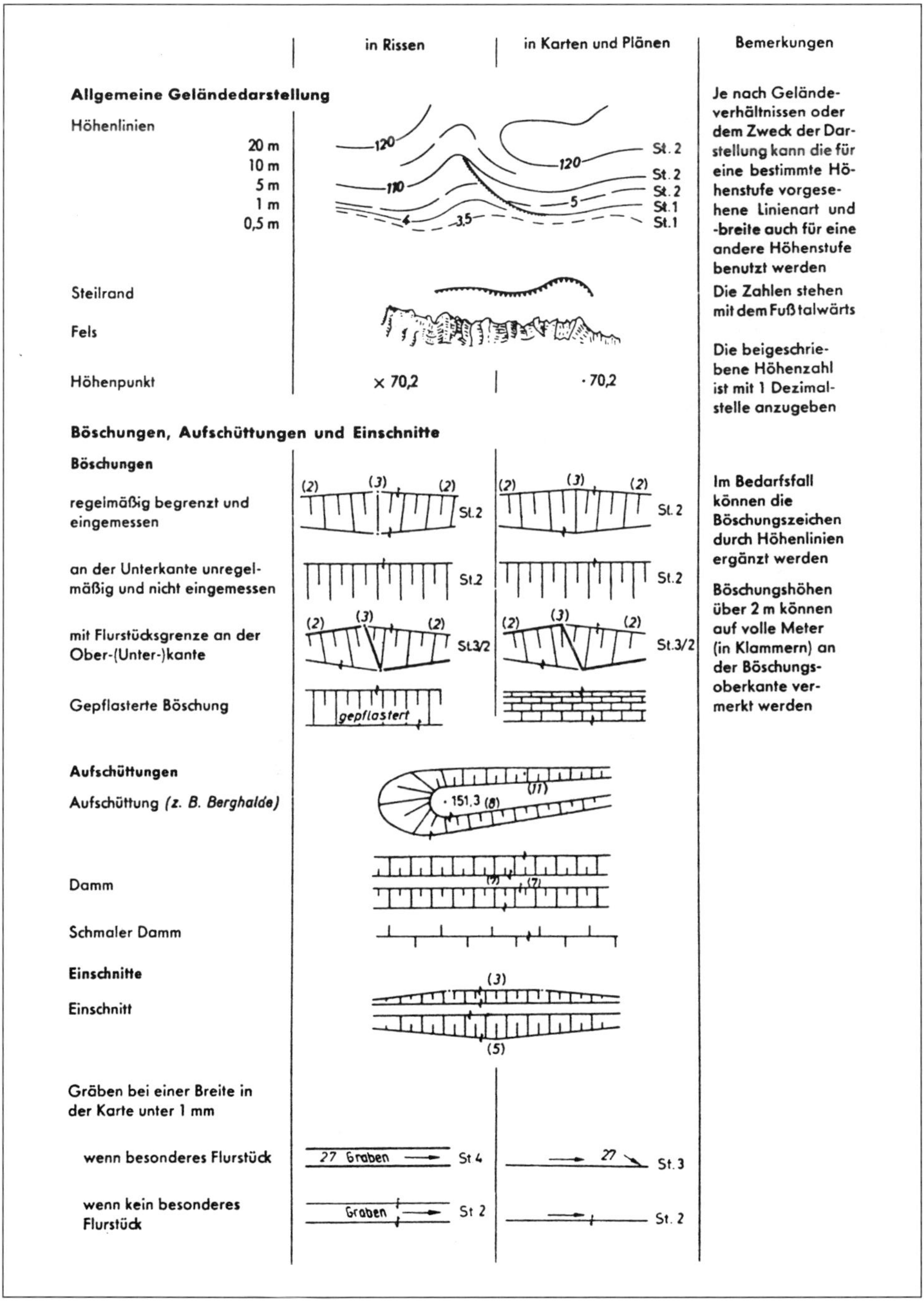

Abb. 3.7/2: Darstellung von Geländeformen nach DIN 18 702 (Quelle: DIN)

4 Höhenmessungen

4.1 Bezugshöhen

Höhenmessung bedeutet, Höhenunterschiede, bezogen auf eine Ausgangshöhe, zu ermitteln. Die Ausgangshöhe (Bezugshöhe, Bezugsebene) kann entweder in einem allgemeinen, landesweit gültigen Bezugssystem oder in einem jeweils örtlich festgelegten System bestehen.

4.1.1 NN-Höhen

Diese Höhen sind für jeden Ort innerhalb eines Staatsgebietes eindeutig definiert, wobei NN (Normal Null) etwa dem Meeresspiegel entspricht (siehe 2.2.3).
Für praktische Vermessungen bedeutet dies, daß eine Höhenmessung an einen oder mehrere der nächstgelegenen amtlichen Höhenfestpunkte angeschlossen wird. Von diesen Festpunkten mit bekannten NN-Höhen gibt es eine große Anzahl (Nivpunktfeld, Deutsches Haupthöhennetz DHHN); sie sind in bebauten Gebieten in einem Abstand von ca. 300–500 m meist an gut zugänglichen Gebäudesockeln zu finden, im freien Gelände in weiteren Abständen (ca. 1–2 km).
Die Festpunkte werden meist als »Mauerbolzen« (Mb) mit genormten Abmessungen einzementiert *(Abb. 4.1/1)* oder im freien Gelände als Pfeilerbolzen oder Tellerbolzen vermarkt.
Die NN-Höhe bezieht sich jeweils auf die höchste Stelle des Bolzens und bildet den eigentlichen Höhenpunkt, auf den eine Meßlatte aufgesetzt werden kann.
Die Festpunkte sind mit Lagebeschreibung und Höhenangabe (im mm-Bereich) bei den zuständigen Vermessungsämtern zu erfragen, eine Höhenangabe am Punkt selbst ist nicht vorhanden.

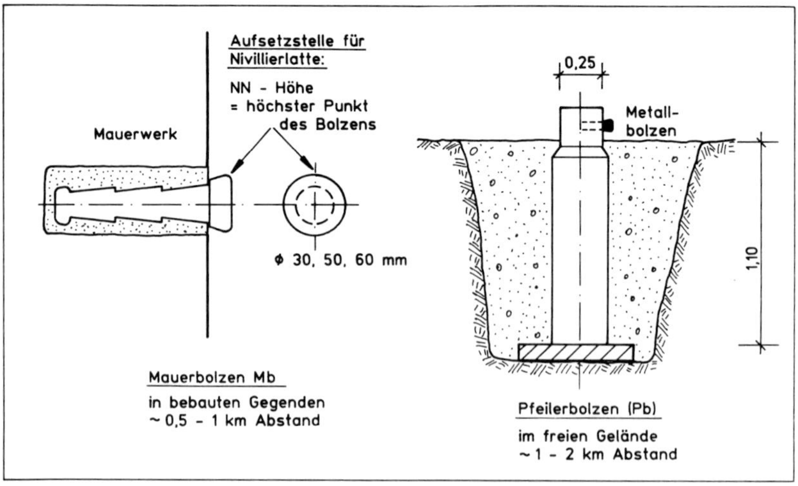

Abb. 4.1/1: Vermarkung von Höhenfestpunkten

4.1.2 Örtliche Höhen

Bei kleinen Objekten, oder bei Beteiligung nur einer ausführenden Stelle, ist es meist einfacher und weniger aufwendig, selbst eine Bezugshöhe (örtliche Höhe) festzulegen. Als Bezugshöhenpunkt eignet sich hierbei ein unveränderlicher, markanter und gut zugänglicher Punkt (z. B. eine Treppenstufe, ein Grenzstein, ein Kanaldeckel, ein Pflock usw.). Um negative Höhen zu vermeiden, sollte die Bezugshöhe als positiver, runder Wert (z. B. H = 100,00 m) festgelegt werden, wobei ein deutlicher Unterschied zu örtlichen NN-Höhen erkennbar sein soll.
Um bei eventuellen späteren Nachmessungen Verwechslungen auszuschließen, sollte unbedingt eine kleine Einmeßskizze angefertigt und der Punkt durch Einmessen gesichert werden (siehe 3.1.2).

4.2 Geräte zur Höhenmessung

Bei praktischen Höhenmessungen kommen 2 Verfahren zur Anwendung *(Abb. 4.2/1)*:

a) Dreiecksberechnung mit Hilfe des gemessenen Vertikalwinkels und einer Strecke (trigonometrische Höhenbestimmung)
b) Festlegung einer horizontalen Bezugslinie (bzw. Bezugsfläche) und Bestimmung der senkrechten Abstände (Nivellierprinzip).

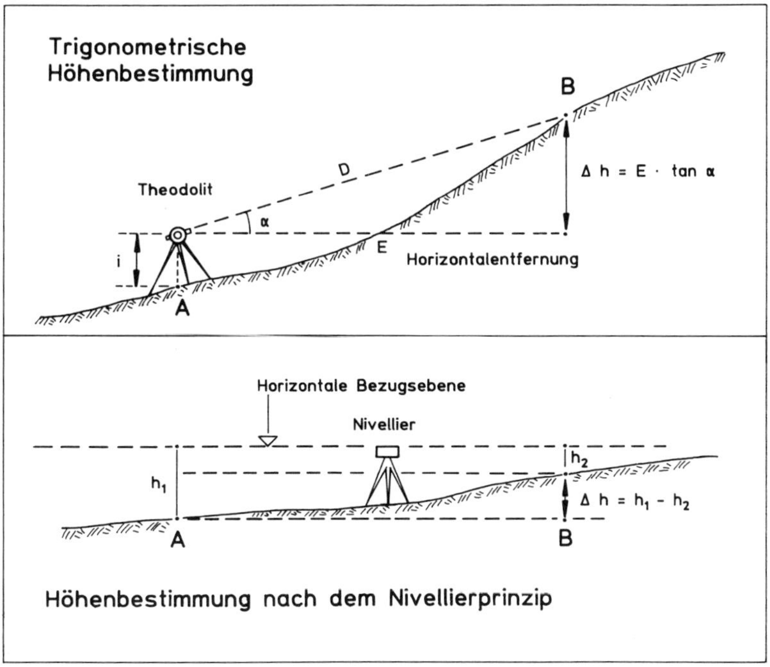

Abb. 4.2/1: Verfahren der Höhenmessung

In der täglichen Baupraxis kommt das »Nivellieren« besonders häufig vor, deshalb soll es hier ausführlich behandelt werden, während auf die trigonometrische Höhenbestimmung in Kap. 5 »Tachymetrie« näher eingegangen wird.

4.2.1 Einfache Hilfsmittel

Eine horizontale Bezugslinie kann auf verschiedene Arten gebildet werden:

- ▷ Wasserwaage, für den unmittelbaren Nahbereich, gegebenenfalls in Verbindung mit einem Richtscheit
- ▷ Schlauchwaage *(Abb. 4.2/2)*, für den Nahbereich, wenn keine Sichtverbindung möglich ist (z. B. im Hochbau der »Meterriß« in den Räumen), für draußen ist sie weniger gebräuchlich
- ▷ Winkelprisma und Lot, für die überschlägige Beurteilung von Höhenunterschieden im Gelände. Beim Einblicken in das gekippte Prisma sieht man statt des herabhängenden Lotes sein optisch horizontales Bild *(Abb. 4.2/3)*
- ▷ Handgefällemesser (Taschengefällemesser), handliches Gerät mit eingeschränkter Genauigkeit für überschlägige Messungen bei großräumigen topographischen Geländeerfassungen. Mit den meisten Geräten läßt sich auch die Geländeneigung und der Vertikalwinkel ablesen *(Abb. 4.2/4)*.

4.2.2 Nivellierinstrumente

Das gebräuchlichste Instrument zur genauen Höhenmessung ist das Nivellierinstrument (Nivellier). Die horizontale Bezugslinie wird dabei durch ein Fernrohr mit Fadenkreuz gebildet.

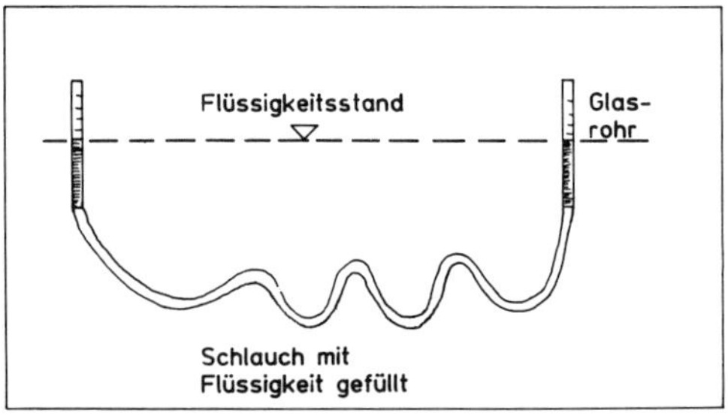

Abb. 4.2/2: Schlauchwaage

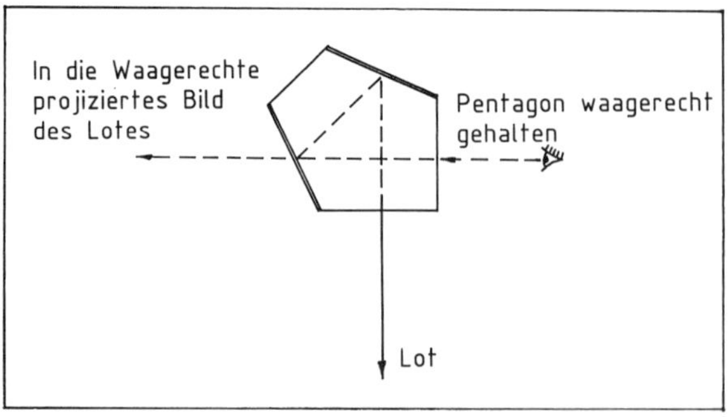

Abb. 4.2/3: Festlegung einer Horizontalen mit Prisma und Lot

Abb. 4.2/4: Handgefällemesser (Fa. Breithaupt)

Hauptbestandteile des Nivelliers:
▷ Fernrohr, nur drehbar um die senkrechte Achse
▷ Okular (Einblicklinse)
▷ Objektiv (Ausblicklinse)
▷ Fadenkreuz, befindet sich auf einer Glasplatte hinter dem Okular
▷ Einrichtungen zum Horizontieren.
Es gibt zwei grundlegende Bauarten (Libellen- und Kompensatornivelliere), die auch eine unterschiedliche Handhabung erfordern und auf die in den zwei folgenden Abschnitten näher eingegangen wird.

4.2.2.1 Libellennivelliere

Das Horizontieren erfolgt hierbei mit Hilfe von unterschiedlichen Libellen *(Abb. 4.2/5)*.

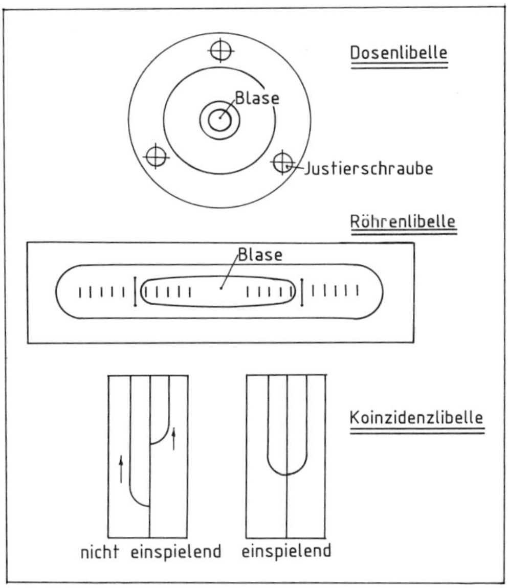

Abb. 4.2/5: Libellenarten

▷ Dosenlibellen dienen grundsätzlich zur Grobeinstellung eines Instruments

▷ Röhrenlibellen gibt es in verschiedenen Genauigkeitsabstufungen zur genauen Horizontierung eines Instruments

▷ Koinzidenzlibellen sind im Instrument verdeckt eingebaute Röhrenlibellen, bei denen über Prismensysteme 2 Blasenhälften sichtbar gemacht werden. Sie ermöglichen ein genaues Einspielen.

Libellennivelliere gibt es in 2 Ausführungen:

a) Libellennivelliere mit festem Fernrohr *(Abb. 4.2/6)*. Bei dieser einfachsten Bauform erfolgt die Horizontierung mit Hilfe der 3 Fußschrauben. Außer der Forderung »Libellenachse parallel zur Zielachse« (LL || ZZ) muß auch die Bedingung »Libellenachse rechtwinklig zur Vertikalachse (LL ⊥ VV) erfüllt sein, was ein genaues Horizontieren des

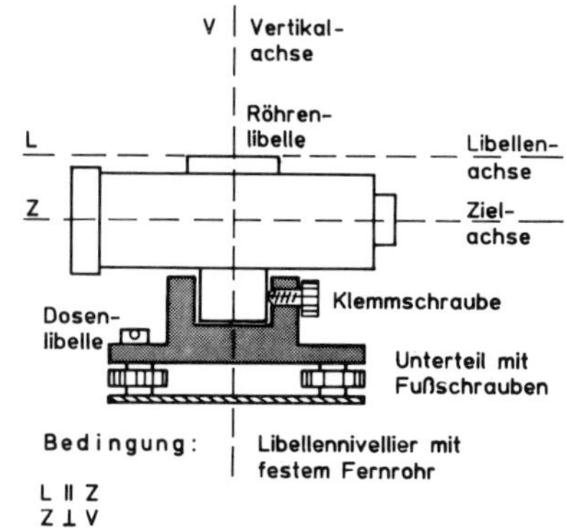

Abb. 4.2/6: Libellennivellier mit festem Fernrohr

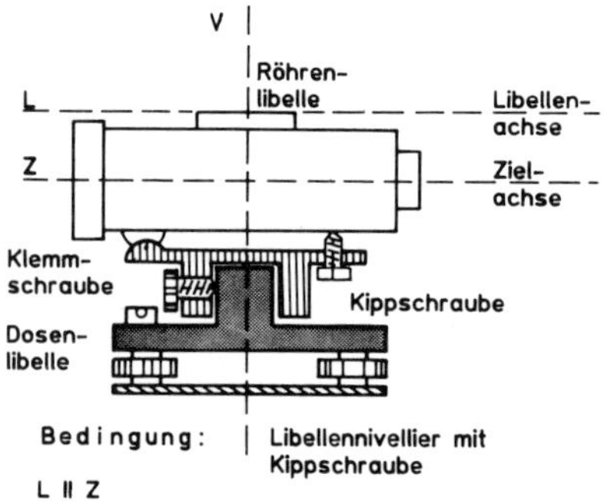

Abb. 4.2/7: Libellennivellier mit Kippschraube

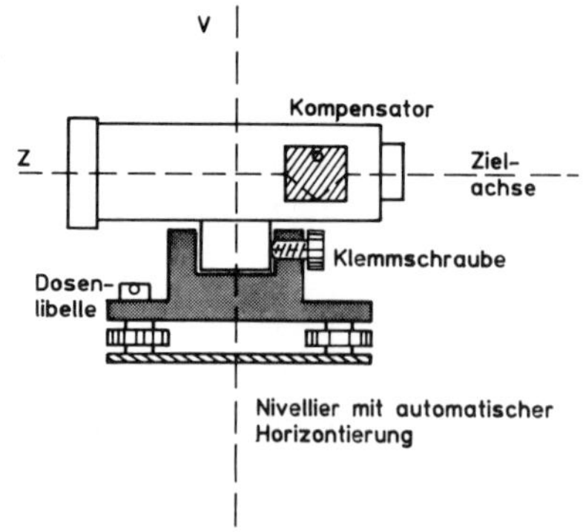

Abb. 4.2/8: Nivellier mit automatischer Horizontierung

Instrumentes erforderlich macht (entsprechend 3.4.2.3, Stehachsfehler am Theodolit). Dadurch wird die Handhabung umständlich, und es kommt leicht zu Fehlern. Dieser Instrumententyp wird heute kaum noch verwendet.
b) Libellennivellier mit Kippschraube *(Abb. 4.2/7).* Bei diesem Gerätetyp ist das Fernrohr gelenkig auf dem Fernrohrträger gelagert und läßt sich mit Hilfe der »Kippschraube« um einen geringen Betrag auf- oder abwärts bewegen. Wenn die Bedingung »Libellenachse parallel zur Zielachse« (LL | | ZZ) erfüllt ist, kann das Instrument mit Hilfe der Dosenlibelle und der Fußschrauben grob horizontiert werden, die Feinhorizontierung der Zielachse wird dann über die Röhrenlibelle mit der Kippschraube vorgenommen.

► **Wichtiger Hinweis: Bei Arbeiten mit Kippschraubengeräten wird häufig nicht beachtet, daß nach jeder Drehung des Instruments die Röhrenlibelle mit der Kippschraube erneut zum Einspielen gebracht werden muß!**

4.2.2.2 Kompensatornivelliere (Automatische Nivelliere)

Die Feinhorizontierung wird hierbei durch eine Automatik vorgenommen *(Abb. 4.2/8)*, bei der sich ein Neigungskompensator nach dem Prinzip eines Pendels durch die Schwerkraft in die Lotrichtung einstellt. Durch Dämpfungsmechanismen wird die Pendelbewegung dabei gedämpft.
Da der Kompensator nur in einem kleinen Bereich anspricht, muß das Instrument zunächst mit den 3 Fußschrauben über eine Dosenlibelle grob horizontiert werden; automatische Nivelliere besitzen deshalb eine Dosenlibelle, jedoch keine Röhrenlibelle.
Die gesamte Handhabung und damit auch die Arbeitsgeschwindigkeit ist bei einem automatischen Nivellier gegenüber einem Libellennivellier wesentlich besser, weil außer der einmaligen Grobeinstellung kein weiteres Ein- oder Nachstellen erforderlich wird. Auch die Genauigkeit wird gesteigert, da es nicht mehr auf die Geschicklichkeit und Sorgfalt des Benutzers beim Einspielen der Röhrenlibelle ankommt.
Ein Nachteil kann bei starkem Wind oder Vibrationen auf der Baustelle auftreten, wobei es bei manchen Instrumenten zu Schwingungen des Kompensators kommen kann, die eine Lattenablesung erschweren.
Da die Vorteile jedoch überwiegen, ist dieser zeitgemäße Instrumententyp für alle Anwendungsbereiche besonders geeignet.

Digitalnivelliere (Elektronische Nivelliere)
Eine neuere Entwicklung im Instrumentenbau ist das »Digitalnivellier«, ein elektronisches Kompensatornivellier mit digitaler Bildverarbeitung zur Höhen- und Distanzmessung. Dabei erfolgt die Lattenablesung elektronisch, das Ergebnis (Mittelfadenablesung und Entfernung) wird digital angezeigt.
Die hierzu verwendete Nivellierlatte ist mit einem Strichcode versehen, welcher von dem Instrument gelesen werden kann *(Abb. 4.2/9a–c).*
Mit solch einem Instrument werden Ablesefehler vermieden, die Ablesegenauigkeit wird gesteigert. Ferner besitzt das Instrument einen eingebauten Rechner mit verschiedenen Programmen zur Auswertung der Messungen, so daß menügesteuert die benötigten Endwerte bei einem Linien- oder Flächennivellement angezeigt werden können.
Anstelle der manuellen Protokollierung lassen sich die Lattenablesungen (Mittelfaden und Horizontaldistanz) und Berechnungen auch speichern, mit der Möglichkeit einer späteren Datenübertragung zu einer EDV-Anlage (siehe hierzu auch 5.2).
Die verwendete Nivellierlatte besitzt auf der Rückseite die »klassische« Skalenteilung, so daß mit dem Instrument auch herkömmlich (d. h. visuelle Ablesung am Fadenkreuz) gearbeitet werden kann.

Abb. 4.2/9a: Elektronisches Nivellier (Digitalnivellier, Leica)

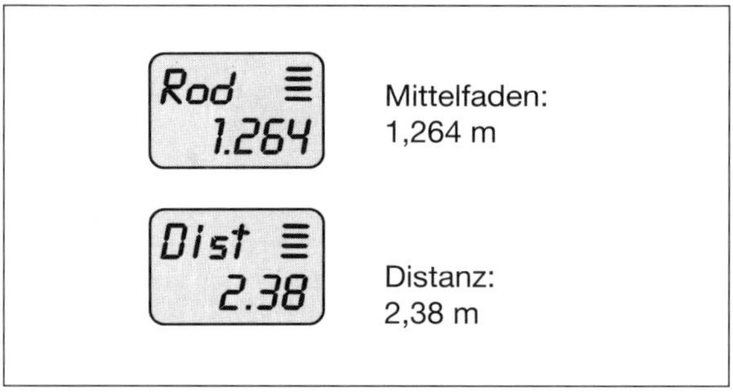

Abb. 4.2/9b: Anzeige am Digitalnivellier (Leica)

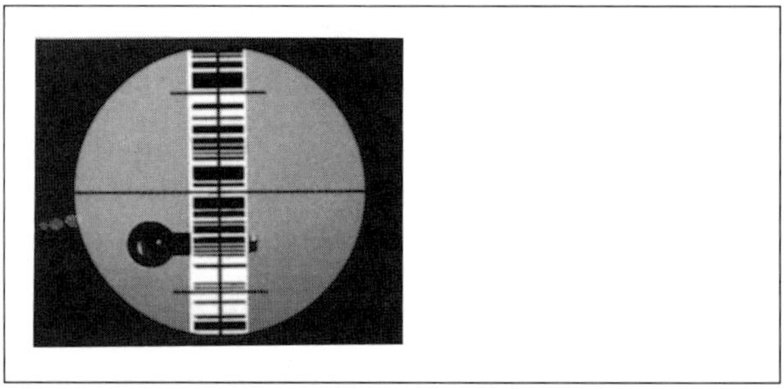

Abb. 4.2/9c: Nivellierlatte mit Strichcode (Leica)

4.2.2.3 Genauigkeitsanforderungen

Die geforderte Genauigkeit einer Höhenmessung richtet sich nach dem jeweiligen Anwendungsfall: Während bei der Aufnahme von Geländehöhen eine Genauigkeit im cm-Bereich in der Regel ausreicht, werden z. B. beim Wegebau, Sportplatzbau, Leitungsbau usw. Höhen im mm-Bereich gemessen.
Die Genauigkeit eines Nivellements wird mit der Standardabweichung pro km Doppelnivellement (unter festgelegten Bedingungen) verglichen *(Tab. 4.2/1)*, sie hängt, abgesehen von Einflüssen wie Genauigkeit des Höhenpunktes, der Latte, Sorgfalt des Beobachters, auch ganz wesentlich vom Instrument ab.

Abb. 4.2/10: Baunivellier (Ertel BNA)

Abb. 4.2/11: Ingenieurnivellier (Zeiss Ni 3)

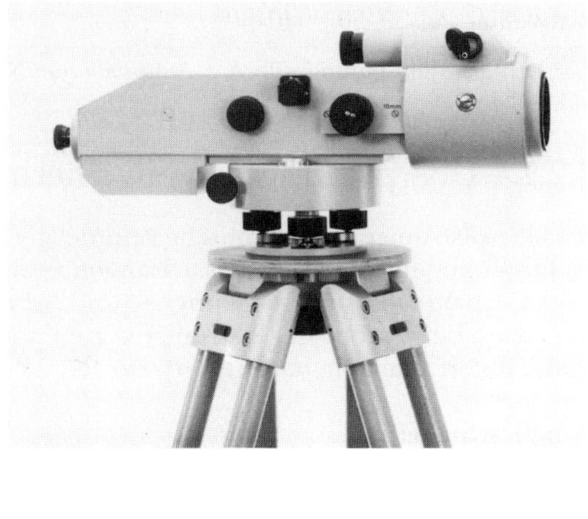

Abb. 4.2/12: Feinnivellier (Zeiss Ni 1)

Tab. 4.2/1. Genauigkeitsanforderungen an Nivellements

Bezeichnung	Aufgabenstellung	Genauigkeit pro $\sqrt{\text{km}}$
Bau-Nivellement	Geländeaufnahmen, Höhenangaben von Straßen, Kanälen usw.	> 10 mm
Ingenieur-Nivellement	Verdichtung von Ortsnetzen, Schaffung von Höhenhilfspunkten, Höhenangaben für Ingenieurbauwerke	2–10 mm
Präzisions-Nivellement	Landesvermessung, Setzungsmessungen und Spezialgebiete	< 1 mm

Es werden folgende Instrumententypen unterschieden:

▷ **Baunivellier**
▷ **Ingenieurnivellier**
▷ **Feinnivellier (Präzisionsnivellier).**

Wesentliche Unterscheidungsmerkmale für die Genauigkeit eines Nivellierinstruments sind Vergrößerung und Lichtstärke (Objektivdurchmesser) des Fernrohrs sowie die Einspielgenauigkeit des Kompensators *(Tab. 4.2/2* und *Abb. 4.2/10–12).*

Tab. 4.2/2 Unterscheidungsmerkmale von Nivellierinstrumenten

Instr. Typ		Fernrohr Vergröß. (...fach)	Objektiv ∅ (mm)	Röhrenlibelle Angabe („)	Einspielschärfe (")	Kompensator Einspielschärfe („)	Mittl. Fehler für 1 km Doppelniv. (mm)
Baunivellier	L	18–25	25–30	30–60	5–10	–	5–10
	A	18–25	25–30	–	–	1–3	3–5
Ingenieurnivellier	L	20–30	30–40	20–30	0,5–1,5	–	2–3
	A	20–30	30–40	–	–	0,2–1	1–2
Feinnivellier	L	≈ 40	≈ 50	5–10	≈ 0,2	–	0,2–0,5
	A	30–50	40–60	–	–	0,05–0,2	0,2–0,5

L = Nivellier mit Röhrenlibelle, A = Automatisches Nivellier

4.2.2.4 Überprüfung von Nivellierinstrumenten

Nivellierinstrumente sind optische Feinmeßgeräte, deren mechanische Teile durch äußere Einwirkungen und Beanspruchungen geringfügigen Veränderungen unterworfen sind. Deshalb sollte je nach Häufigkeit und Art des Einsatzes in regelmäßigen Zeitabständen eine Überprüfung der Instrumente auf Funktionsfähigkeit und Genauigkeit erfolgen und, falls erforderlich, nachjustiert werden.

Arbeitsschritte:

a) Nivellierprobe. Dabei soll festgestellt werden, ob die Ziellinie exakt horizontal verläuft *(Abb. 4.2/13).* Das Instrument steht zunächst genau mittig zwischen 2 Lattenstandpunkten A und B (Entfernungen ca 30–50 m). Auch bei geneigter Ziellinie, d. h., bei einem Instrumentenfehler ergibt sich mit

$$\Delta h = a_1 - b_1$$

a_1 = Lattenablesung im Punkt A vom Standpunkt 1
b_1 = Lattenablesung im Punkt B vom Standpunkt 1

der tatsächliche Höhenunterschied zwischen den Punkten A und B. Danach wird das Nivellier möglichst dicht (ca. 2–3 m) hinter B gestellt, wodurch eine Auswirkung des Instrumentenfehlers bei der Ablesung b_2 wegen der kurzen Entfernung vernachlässigt werden kann. Die Sollablesung bei A muß nun

$$a_2 = b_2 + \Delta h$$

a_2 = Lattenablesung im Punkt A vom Standpunkt 2
b_2 = Lattenablesung im Punkt B vom Standpunkt 2

betragen. Ergibt sich eine andere Ablesung, muß das Instrument justiert werden.

▷ *Justierung bei einem Nivellier mit Kippschraube:* Die berechnete Sollablesung bei A wird im Standpunkt 2 mittels Kippschraube ins Fadenkreuz genommen und anschließend in dieser Stellung die Röhrenlibelle mit ihren Justierschrauben in der Mittellage zum Einspielen gebracht.

▷ *Justierung bei automatischem Nivellier:* Wie vor, jedoch wird die Sollablesung durch die Justierschraube am Okular eingestellt. Dabei wird das Fadenkreuz, das sich auf einer Glasplatte hinter dem Okular befindet, verändert.

b) Überprüfung der Dosenlibelle: Zunächst wird die Dosenlibelle mit den Fußschrauben zum Einspielen gebracht, danach das Instrument um 200 gon gedreht. Wandert die Blase jetzt aus der Mittellage aus, wird dieser Ausschlag zur einen Hälfte mit den Justierschrauben der Dosenlibelle und zur anderen Hälfte mit den Fußschrauben beseitigt.

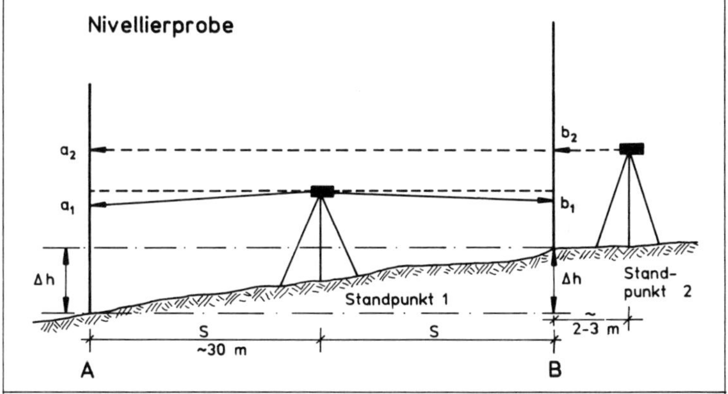

Standpunkt 1 : Das Gerät steht genau in der Mitte zwischen den Punkten A und B.
Ein Fehler im Instrument fällt jetzt heraus.
$\Delta h = a_1 - b_1$ ist der tatsächliche Höhenunterschied zwischen den Punkten A und B.

Standpunkt 2 : Das Instrument wird jetzt etwa 2-3 m hinter Punkt B gestellt.
Eine Auswirkung des Instrumentenfehlers bei der Ablesung b_2 wird wegen der kurzen Zielweite vernachlässigt.

Sollablesung bei A : $a_2 = b_2 + \Delta h$

Abb. 4.2/13: Nivellierprobe

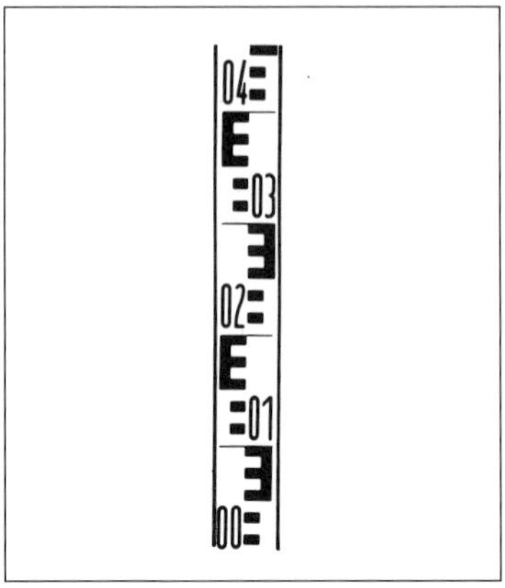

Abb. 4.2/14a: Nivellierlatte (»E-Latte«)

Abb. 4.2/14b: Nivellierlatte – doppelte Teilung (Fa. Wild)

4.2.2.5 Nivellierlatten

Der Höhenunterschied von der Ziellinie des Instruments bis zum Aufnahmepunkt wird beim Nivellieren an einer Nivellierlatte abgelesen. Verwendet werden dazu in der Regel 4 m lange zusammenklappbare Latten aus Holz oder Aluminium mit einer markanten, kontrastreichen Teilung im cm-Bereich nach DIN 18 703 *(Abb. 4.2/14a+b)*. Durch dieses spezielle Lattenbild wird eine Ablesung auch bei größeren Entfernungen oder ungünstigen Lichtverhältnissen erleichtert. Eine Ablesung ist im mm-Bereich möglich, wobei die 3. Nachkommastelle geschätzt wird.
Nivellierlatten werden mittels Dosenlibellen oder Lattenrichter senkrecht gehalten.
Im Nahbereich kann anstelle der Nivellierlatte auch ein Zollstock verwendet werden.
Spezielle Invarlatten, die unempfindlicher gegen Wärmeausdehnungen sind, werden für Präzisionsnivellements eingesetzt; bei Bauvermessungen werden sie nicht verwendet.
Für elektronische Nivelliere (Digitalnivelliere) sind spezielle Strichcodelatten erforderlich (s. 4.2.2.2).

4.2.3 Lasergeräte

Eine spezielle Kategorie von Vermessungsinstrumenten stellen die Lasergeräte dar. Es sind Instrumente, mit denen ebenfalls nach dem Nivellierprinzip gearbeitet wird, wobei jedoch die Ziellinie durch einen permanent abgestrahlten Laserstrahl gebildet wird. Laserstrahlen sind kalte, einfarbige, stark gebündelte und zusammenhängende Lichtstrahlen im Rotlichtbereich (Laser: Light amplification by stimulated emission of radiation).
Das Verfahren hat den Vorteil, daß die »Ziellinie« hierbei sichtbar ist (als dünner roter Strahl bei Dunkelheit) oder sichtbar gemacht werden kann (bei Auftreffen auf einen Gegenstand). Dadurch ist es möglich, daß nur **eine** Person die Messung durchführen kann, weil in diesem Fall eine Ablesung direkt an der Latte möglich ist.

Abb. 4.2/15a: Laserempfänger für Meßlatte (Fa. Wild)

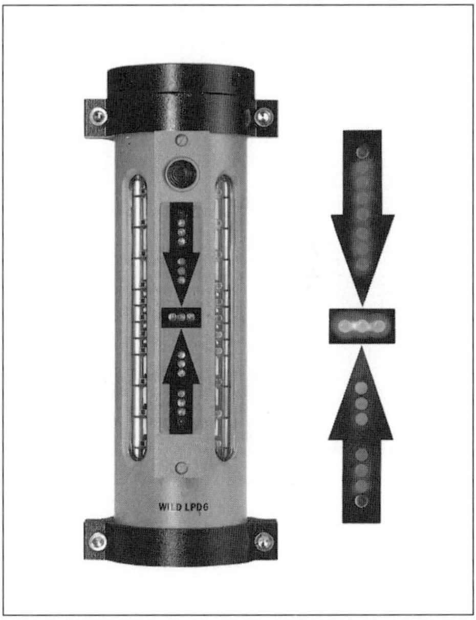

Abb. 4.2/15b: Laserempfänger für Baumaschinen (Fa. Wild)

Da der Laserstrahl bei Tageslicht kaum sichtbar ist, wird er an der Meßlatte durch einen Empfänger (Foto-Transistor) aufgefangen und in ein optisches oder akustisches Signal umgewandelt. Durch Auf- oder Abwärtsschieben des Empfängers an der Latte kann so der Meßpunkt (Meßwert) gefunden werden, oder bei speziellen elektronischen Lasernivellierlatten die Höhe direkt abgelesen werden *(Abb. 4.2/15a–c)*.

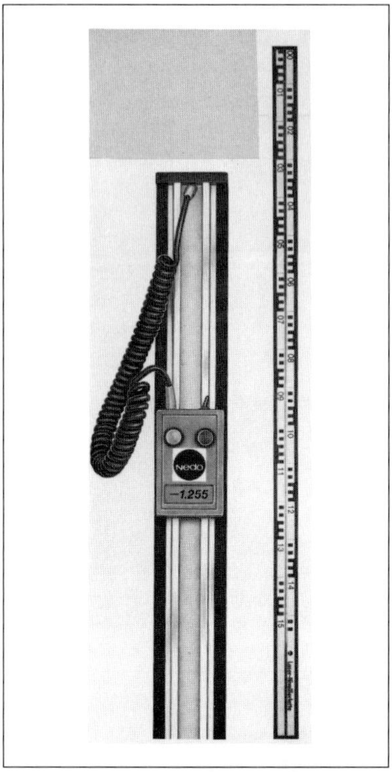

Abb. 4.2/15c: Lasernivellierlatte (Fa. Nedo)

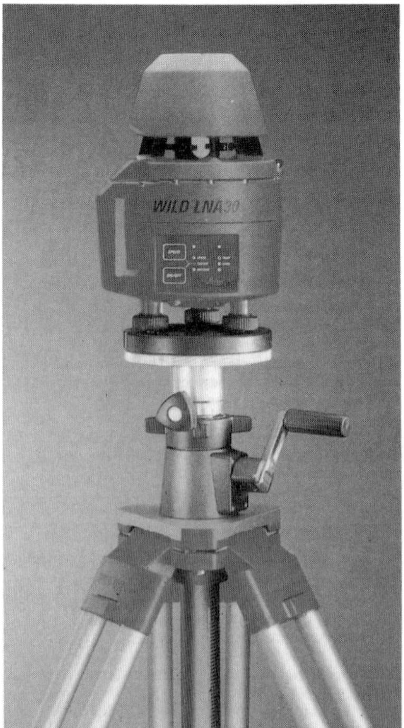

Abb. 4.2/16: Rotationslaser (Fa. Wild)

► **Arten von Lasergeräten:**

a) Rotationslaser. Bei diesem Gerät rotiert der horizontale Laserstrahl um die senkrechte Achse und überstreicht dabei eine kreisförmige Laserebene mit ca. 200 m nutzbarem Durchmesser. Innerhalb dieser Fläche läßt sich an jeder Stelle die Horizontale auf ca. 2–3 mm Genauigkeit empfangen *(Abb. 4.2/16).*

Die Horizontierung des Gerätes erfolgt automatisch. Bei manchen Instrumenten läßt sich die erzeugte Ebene auch neigen, so daß z. B. ein bestimmtes Gefälle eingestellt werden kann.

Rotationslaser kommen häufig bei der Maschinensteuerung von Baumaschinen (Grader, Fertiger) zum Einsatz, wobei über den Empfänger z. B. die Stellung des Schildes und damit die Einbaustärke einer Schicht oder die Tiefe einer Auskofferung gesteuert werden kann *(Abb. 4.2/17b).*

Rotationslaser werden überwiegend auf Baustellen eingesetzt, wo sie für die gesamte Baustelle, oder einen größeren Bereich, von einem festen Standpunkt aus eine Höhenbezugsebene liefern. Dadurch können Höhenmessungen an jeder Stelle von nur einer Person durchgeführt werden *(Abb. 4.2/17a).*

Obwohl Laserinstrumente durch ständige Weiterentwicklung in den vergangenen Jahren heute relativ klein und handlich sind, werden für die klassischen Vermessungsaufgaben mit häufigen Standpunktwechseln (z. B. Liniennivellement, Profile u. a.) die optischen Nivellierinstrumente wegen ihrer größeren Beweglichkeit und Genauigkeit weiter verwendet.

b) Laserokular. Mit dieser Zusatzausstattung können Theodolite oder Nivelliere ausgerüstet werden. Dabei wird das Laserokular gegen das normale Standardobjektiv mit Hilfe eines Bajonettverschlusses gewechselt und das Instrument so zu einem Laser-Richtgerät umgewandelt.

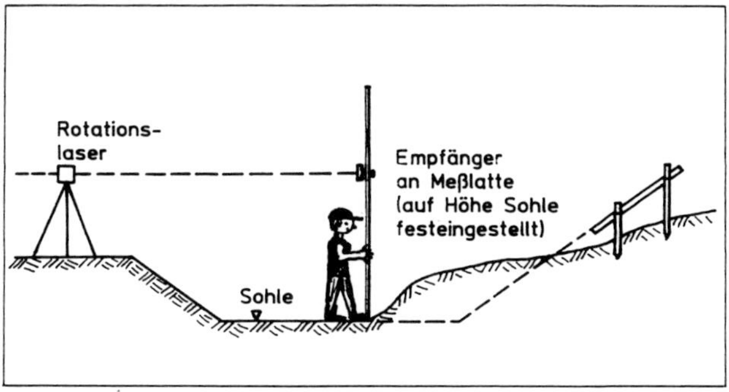

Abb. 4.2/17a: Rotationslaser – Empfänger an Meßlatte

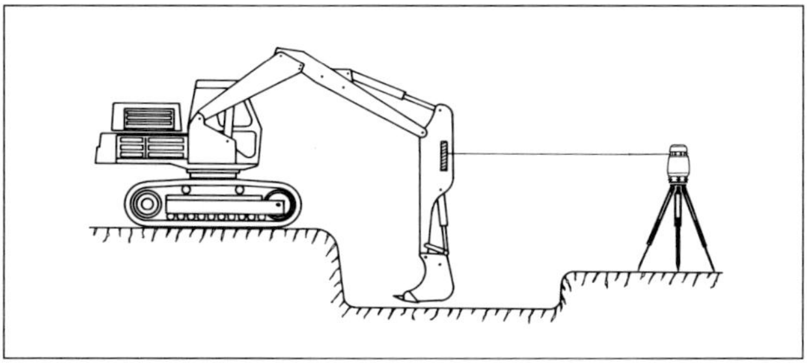

Abb. 4.2/17b: Rotationslaser zur Steuerung von Baumaschinen

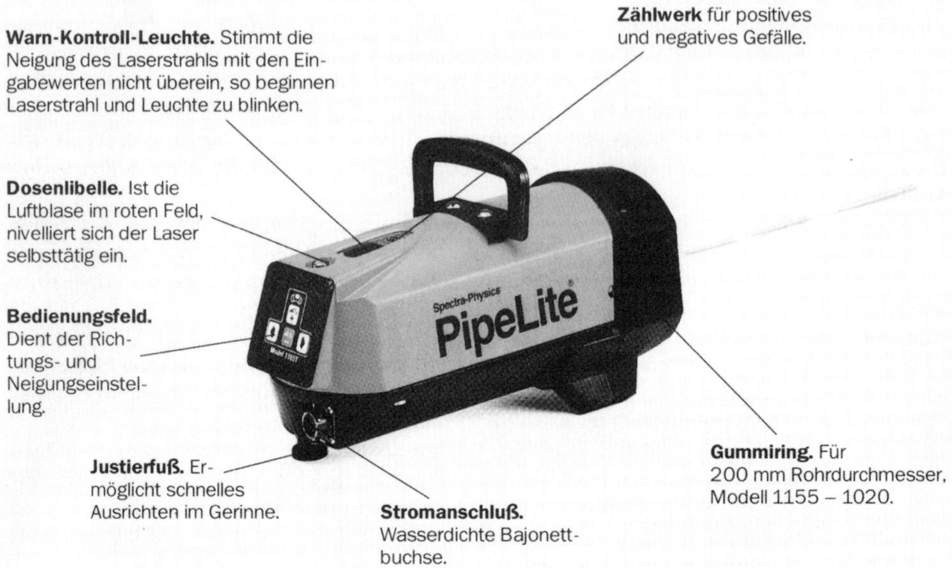

Abb. 4.2/18: Kanalbaulaser (Fa. Spectra-Physics)

c) Kanallaser. Die äußere Form dieser Geräte ist so ausgebildet, daß sie gut in oder auf ein Kanalrohr gesetzt werden können. Der feststehende Laserstrahl (Linienlaser), der auf das gewünschte Gefälle der Rohrleitung eingestellt werden kann, dient als Bezugslinie für die Rohrverlegung. Er wird auf einer kleinen »Zielscheibe« auf oder in dem zu verlegenden Rohr sichtbar gemacht *(Abb. 4.2/18).*

d) Lotlaser. Sie senden einen senkrechten Richtstrahl aus und werden überwiegend im Hochbau eingesetzt.

Baulaser haben eine sehr geringe elektrische Leistung (0,001–0,005 Watt). Dennoch können sie Augenschäden hervorrufen, wenn die Strahlen senkrecht auf die Netzhaut treffen. Dies gilt besonders für feststehende Richt- oder Linienlaser. Auf die Einhaltung der gebotenen Sicherheitsvorschriften bei der Arbeit mit Laserinstrumenten sei deshalb hier besonders hingewiesen.

4.3 Nivellierverfahren

4.3.1 Prinzip des Nivellierens

Nivellieren bedeutet, den Höhenunterschied zwischen Aufnahmepunkten und Ziellinie zu messen. Der Standpunkt des Instrumentes und die Gerätehöhe sind dabei frei wählbar. Meist sind bei einem Nivellement mehrere Punkte zu erfassen, wobei der Instrumentenstandpunkt häufig gewechselt werden muß, deshalb sollte das Feldbuch aus Gründen der Übersichtlichkeit und besseren Nachprüfbarkeit grundsätzlich in Tabellenform geführt werden.

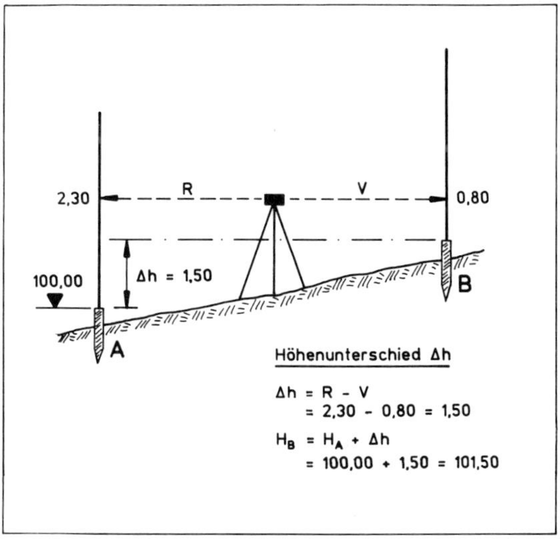

Abb. 4.3/1a: Berechnung über den Höhenunterschied

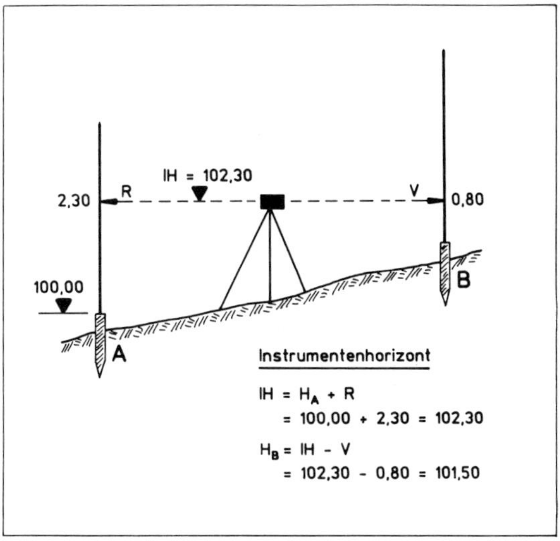

Abb. 4.3/1b: Berechnung über den Instrumentenhorizont

Zur Bestimmung einer neuen Punkthöhe sind 2 Berechnungswege möglich *(Abb. 4.3/1a+b)*:

a) Berechnung über den Höhenunterschied

b) Berechnung über den Instrumentenhorizont.

Zu jeder Berechnungsart gibt es eine entsprechende Form der Tabellenführung.

4.3.2 Liniennivellement

Bei einem Liniennivellement (Streckennivellement, Festpunktnivellement) geht es darum, die Höhe eines oder einiger weniger entfernt liegender Punkte zu ermitteln. Dazu ist ein mehrfaches Umsetzen des Instrumentes erforderlich.

► **Beispiel:** Bei einem größeren Bauvorhaben (z. B. Sportanlage) sind alle Ausbauhöhen auf NN angegeben. Um nun im Baustellenbereich einen Bezugspunkt zu haben, wird dort an gut zugänglicher Stelle ein Höhenhilfspunkt (Betonpfeiler, Eisenbolzen, gegebenenfalls auch stabiler Holzpflock) gesetzt, der dann Ausgangspunkt für die weiteren Messungen wird. Die Höhe dieses Höhenhilfspunktes muß durch ein Liniennivellement bestimmt werden. Dazu wird vom nächstgelegenen bekannten Höhenfestpunkt (siehe 4.1.1) ein Nivellementzug durchgeführt und in Tabellenform aufgeschrieben *(Abb. 4.3/2a+b).*

► **Arbeitsschritte:** Von der ersten Gerätestellung aus (1. Standpunkt) wird zunächst die Latte auf dem bekannten Höhenpunkt (Hp) abgelesen (Rückblick), danach bei gleichem Gerätestandpunkt die Latte auf den ersten Wechselpunkt (W1) gesetzt und abgelesen (Vorblick auf W1). Anschließend wird das Instrument umgestellt (2. Standpunkt), die Latte bleibt auf dem Punkt, wird jedoch in Richtung neuer Gerätestandpunkt gedreht; es erfolgt die Lattenablesung (Rückblick auf W1).
Danach wird die Latte wieder umgesetzt (W2) und abgelesen (Vorblick), das Instrument bleibt auf dem gleichen Standpunkt stehen usw.
Der Vorgang wird bis zu dem neu zu bestimmenden Höhenhilfspunkt A fortgesetzt, wobei die Wechselpunkte W und die Standpunkte frei wählbar sind. Durch Bildung der jeweiligen Differenzen R–V und deren Addition kann dann die Höhe des Neupunktes A in der Tabelle ermittelt werden.
Beim Messungsablauf ist zu beachten:

▷ niemals Latte und Instrument gleichzeitig wechseln (umstellen)
▷ die Zielweiten vom Instrument zur Latte sollten ca. 50 m nicht überschreiten, da bei einem Liniennivellement die Lattenablesung im mm-Bereich erfolgt (die 3. Nachkommastelle wird geschätzt)
▷ die Zielweiten bei Rückblick und Vorblick von einem Standpunkt aus sollten annähernd gleich groß sein, da ein eventueller Instrumentenfehler dann eliminiert wird (vergleiche 4.2.2.4). Es genügt dabei in der Regel, wenn die Zielweiten durch das Schrittmaß überprüft werden
▷ für Wechselpunkte unbedingt eine feste Unterlage wählen; am besten eignet sich eine »Bodenplatte« (»Frosch«) *(Abb. 4.3/3).* Die Wechselpunkte werden später nicht mehr benötigt, gehen aber in die Rechnung ein
▷ die Latte senkrecht halten, dazu Dosenlibelle oder Lattenrichter benutzen.

► **Fehlerkontrolle:** Um eventuelle Meßfehler (hauptsächlich Ablesefehler) bzw. Ungenauigkeiten (Widerspruch) zu erfassen, sollte das Nivellement unbedingt auf einen bekannten Höhenpunkt abgeschlossen werden. Dazu gibt es 2 Möglichkeiten:

a) Von Punkt A wird der Nivellementzug weitergeführt zurück zum Ausgangspunkt (Hp). Es entsteht so eine Schleife, wobei Hin- und Rückweg unterschiedlich sein dürfen. Die Höhe des Anfangspunktes (Hp) wird jetzt noch einmal neu berechnet und mit der tatsächlichen Höhe verglichen.
Rechnerisch muß die Summe der Rückblicke und die Summe der Vorblicke gleich groß sein. Es empfiehlt sich, die Probe »Summe Rückblicke = Summe Vorblicke« sofort im Felde durchzuführen, um sich so einen Überblick über den Fehler*) zu verschaffen; die eigentliche Ausrechnung des Nivellements kann dann später (z. B. im Büro) erfolgen.
Die Größe des zulässigen Fehlers richtet sich nach dem jeweiligen Zweck der Messung.

*) Da bei jedem Nivellement unvermeidliche Meßungenauigkeiten auftreten, werden in diesem Zusammenhang auch die Begriffe »Widerspruch« oder »Differenz« anstelle von »Fehler« verwendet.

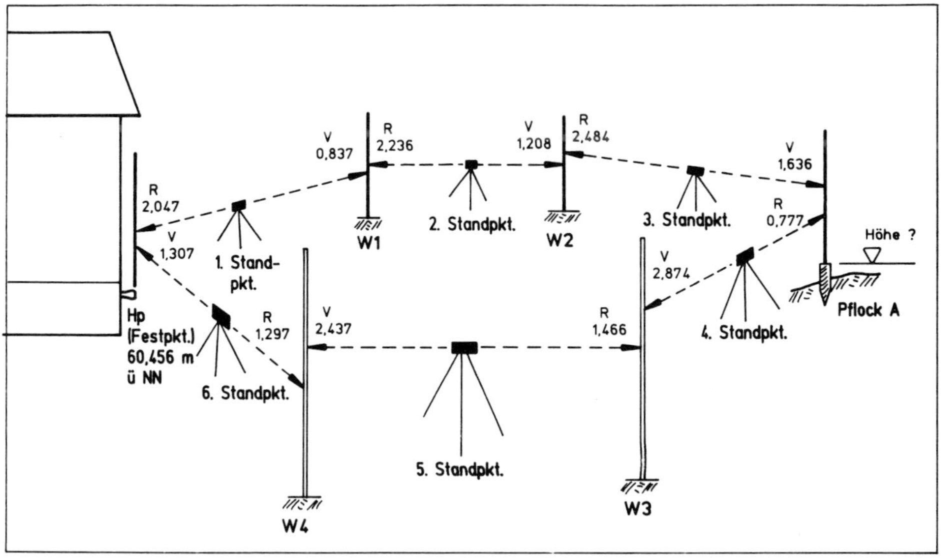

Abb. 4.3/2a: Liniennivellement

Punkt	Ablesung R	Ablesung V	Höhenunterschied Steigen +	Höhenunterschied Fallen –	Höhe des Punktes	Bemerkungen
Hp	2,047 (−1)				60,456	Mauerbolzen Hs-Nr. 5
W1	2,236 (−2)	0,837 →	+1,209		61,665	
W2	2,484 (−1)	1,208 →	+1,026		62,691	
A	0,777 (−1)	1,636 →	+0,847		63,538	Pflock
W3	1,466 (−2)	2,874 →		−2,098	61,440	
W4	1,297 (−1)	2,437 →		−0,973	60,467	
Hp		1,307 →		−0,011	60,456	MB Hs-Nr. 5
	10,307	10,299	+3,082	−3,082		
	Fehler:	0,008				

verteilt auf Rückblicke

Fehlerverteilung:

Ermittlung des Fehlers:
Bei Schleifenniv. ΣR − ΣV = 0. Abweichung ist Fehler
Bei Niv. mit An- und Abschluß ΣR − ΣV = Höhenunterschied zwischen Anfangs- und Endpunkt. Abweichung ist Fehler.

Verteilung des Fehlers:
Volle mm gleichmäßig auf Vor- bzw. Rückblicke verteilen. Vorzeichen beachten!

Abb. 4.3/2b: Liniennivellement, Berechnung

Zulässiger Fehler:

$f\ zul.\ [mm] \sim \pm 10 \sqrt{s\ [km]}$
s = Länge der Niv.Strecke in km

Abb. 4.3/3: Bodenplatte als Lattenuntersatz (sog. »Frosch«)

Für amtliche Vermessungen gibt es genau definierte Fehlergrenzen, bei Bauvermessungen kann vereinfacht von einem Richtwert von 10 mm pro km ausgegangen werden. Der Fehler wird als voller Millimeter gleichmäßig auf die Rückblicke (oder Vorblicke) verteilt, die eigentliche Ausrechnung erfolgt dann mit den so korrigierten Ablesewerten.

b) Von Punkt A wird der Nivellementzug zu einem weiteren bekannten Höhenpunkt geführt, dort erfolgt der Abschluß. In diesem Fall ergibt der Unterschied aus »Summe Rückblicke« und »Summe Vorblicke« den **gemessenen** Höhenunterschied zwischen den beiden Festpunkten. Der Fehler ergibt sich beim Vergleich mit dem **tatsächlichen** Höhenunterschied.

4.3.3 Profile

Profile sind Vertikalschnitte durch die Erdoberfläche, die den Höhenverlauf eines Geländes darstellen. Sie werden für verschiedene Aufgaben benötigt, hauptsächlich als Planungsgrundlage im Entwurfsbereich sowie für Massenermittlungen.
Die Ermittlung der einzelnen Geländehöhen erfolgt durch ein Nivellement, wobei jedoch im Gegensatz zum Liniennivellement von einem Standpunkt aus gleich mehrere Punkte aufgenommen werden, die als »Zwischenblicke« in die Tabelle eingehen.

4.3.3.1 Längsprofile

Längsprofile (Längsschnitte) werden beim Wegebau benötigt, bei Wasserläufen, Gräben, Leitungen und sonstigen Linienbauwerken.

► **Beispiel: Längsprofil eines Weges**
a) Aufmaß. Als Bezugslinie wird zunächst die Mittellinie (Achse) des Weges oder ein Rand lagemäßig festgelegt. Das geschieht durch Abmessung und Vermarkung von Punkten in gleichen Abständen auf dieser Linie (bei gekrümmten Bezugslinien muß im Bogen gemessen werden)*). Diese »Stationen« (Stationspunkte) erhalten eine Bezeichnung, aus der der Abstand vom Anfangspunkt hervorgeht. Dabei kann je nach Länge des Schnittes die Schreibweise in Hektometrierung oder Kilometrierung erfolgen *(Tab. 4.3/1)*.
Ein üblicher Abstand der Stationspunkte im Wegebau ist 20 m, damit lassen sich in der Regel sowohl bei der Absteckung als auch beim Aufmaß hinreichende Genauigkeiten erreichen.

*) Beim Bau eines Verkehrsweges wird zunächst die Achse berechnet (siehe 7.1.2) und dann abgesteckt; über die örtlich vermarkten Stationspunkte wird danach ein Nivellement gelegt.

Tab. 4.3/1. Schreibweisen der Stationierung

Beispiele für Entfernungen der Station vom Nullpunkt (m)	Schreibweise der Stationierung in Hektometrierung	in Kilometrierung
0,00	0 + 00	0,0 + 00
20,00	0 + 20	0,0 + 20
50,00	0 + 50	0,0 + 50
100,00	1 + 00	0,1 + 00
426,82	4 + 26,82	0,4 + 26,84
1.150,50	11 + 50,50	1,1 + 50,50

Bei dem anschließenden Nivellement werden von einem Standpunkt aus möglichst viele Stationspunkte erfaßt (Zwischenblicke), ein Standpunktwechsel erfolgt mit Vor- und Rückblick.
Soll das Nivellement auf NN-Höhen bezogen werden, erfolgt der An- und Abschluß als Schleife auf einen bekannten Höhenpunkt oder auf 2 verschiedene Festpunkte (siehe 4.3.2). Dazu wird vom nächstgelegenen Höhenfestpunkt zunächst ein Nivellementzug als Liniennivellement bis zum aufzunehmenden Bereich (z. B. Baustelle) gelegt, dann erfolgt die Aufnahme der Stationspunkte und danach die Rückmessung zum Ausgangspunkt (Schleife) oder der Abschluß auf einen anderen in der Nähe befindlichen Höhenpunkt *(Abb. 4.3/4a+b).*
Ermittlung des Fehlers (vergleiche auch 4.3.2)

▷ An- und Abschluß auf gleichen Punkt:

$\mathbf{\Sigma R - \Sigma V = 0}$ R = Rückblick V = Vorblick

▷ An- und Abschluß auf verschiedene Punkte:

$\mathbf{\Sigma R - \Sigma V = h_{ist}}$ R = Rückblick V = Vorblick

h_{ist} = Gemessener Höhenunterschied zwischen An- und Abschlußpunkt.
Die Differenz zwischen gemessenem Höhenunterschied (h_{ist}) und tatsächlichem Höhenunterschied (h_{soll}) ist der Fehler (Widerspruch).

Fehlerverteilung (wie 4.3.2)
Fehlergrenzen: Je nach Zweck des Nivellements; bei freien Geländepunkten im cm-Bereich.
Die Berechnung erfolgt in der Regel über den Instrumentenhorizont oder auch über den Höhenunterschied.

b) Darstellung des Längsschnittes. Da Längsprofile meist eine große Längenentwicklung im Verhältnis zu den Höhenunterschieden aufweisen, werden zur Verdeutlichung der Höhenverhältnisse die Geländehöhen überhöht aufgetragen.
Beispiel:
Maßstab der Längen (MdL): 1 : 500
Maßstab der Höhen (MdH): 1 : 50.
Es empfiehlt sich, das Überhöhungsverhältnis 1 : 10 dabei möglichst immer einzuhalten, um stets ein einheitliches Verzerrungsbild zu erhalten. Ist ein Lageplan vorhanden, sollte der Maßstab der Längen im Längsschnitt mit dem Lageplanmaßstab übereinstimmen.
Bei der Darstellung *(Abb. 4.3/5)* wird die untere Linie (Horizont) auf volle Meter festgelegt, so daß auf dem Blatt sowohl oberhalb als auch unterhalb genügend Platz für weitere Eintragungen bleibt.
Bei gekrümmten Linien ist das Längsprofil die Abwicklung.

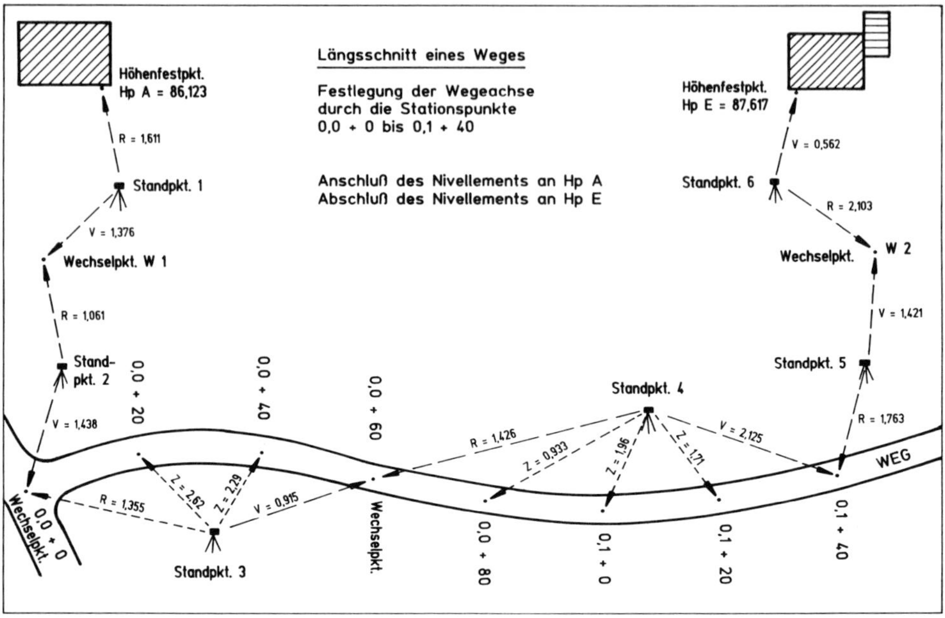

Abb. 4.3/4a: Längsschnitt, Ablauf der Messung

Zielpunkt	LATTENABLESUNG Rückblick R	Zwischenblick Z	Vorblick V	Instrum.-horizont IH	Höhe des Punktes	Bemerkungen
Hp A	$1{,}611^{+2}$			87,736	86,123	Mauerbolzen
W1	$1{,}061^{+2}$		1,376	87,423	86,360	
0,0+0	$1{,}355^{+2}$		1,438	87,342	85,985	
0,0+20		2,62		"	84,72	
0,0+40		2,29		"	85,05	
0,0+60	$1{,}426^{+2}$		0,915	87,855	86,427	
0,0+80		0,93			86,93	
0,1+0		1,96			85,90	
0,1+20		1,71			86,15	
0,1+40	$1{,}763^{+2}$		2,125	87,495	85,730	
W2	$2{,}103^{+2}$		1,421	88,179	86,074	
Hp E			0,562		87,617	Mauerbolzen
	9,319		7,837			
		d = 1,482	(Ist)		d = 1,494	(Soll)
			Fehler:	12 mm		
			Fehler V	erteilung:	(+) Rüc	kblicke

Abb. 4.3/4b: Längsschnitt, Berechnung

4.3.3.2 Querprofile

Querprofile ergeben zusammen mit dem Längsschnitt innerhalb eines schmalen Geländestreifens einen genauen Überblick über die Höhenverhältnisse, sie werden insbesondere zur Massenermittlung (siehe 6.2.1) verwendet.
Querprofile stehen in den Stationspunkten senkrecht zur Achse, in Krümmungen senkrecht zur Tangente *(Abb. 4.3/6)*. Die Länge der einzelnen Profile richtet sich nach den Abmessungen des Baukörpers oder der Baumaßnahme, z. B. beim Wegebau ca. 10–15 m nach jeder Seite. Um spiegelbildliche Darstellungen zu vermeiden, ist links und rechts durch Blick in fortlaufende Stationierungsrichtung festgelegt.

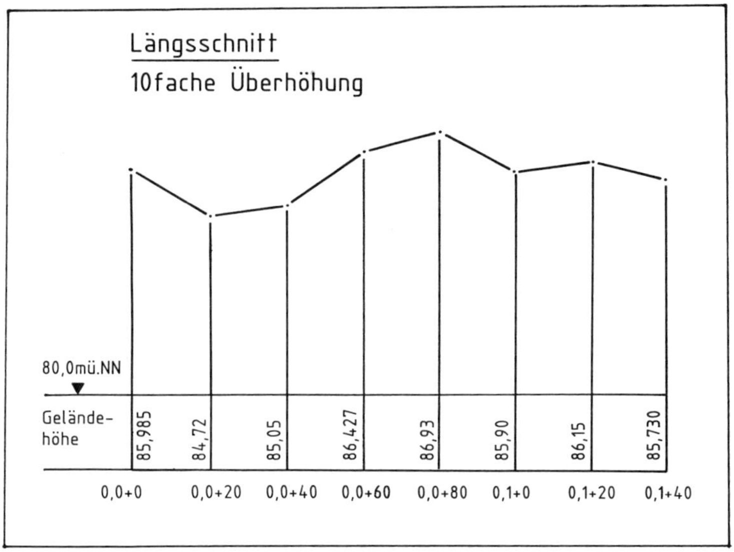

Abb. 4.3/5: Längsschnitt eines Weges (Darstellung 10fach überhöht)

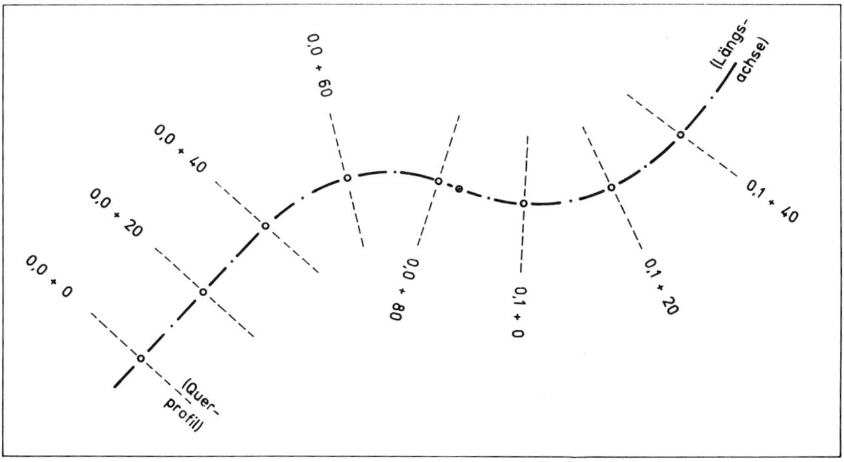

Abb. 4.3/6: Lage der Querprofile

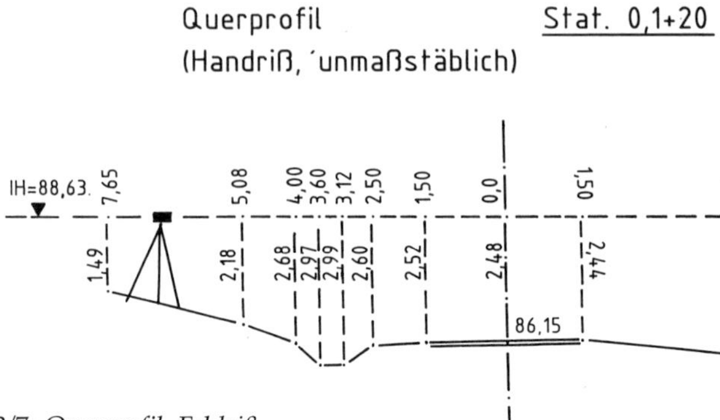

Abb. 4.3/7: Querprofil, Feldriß

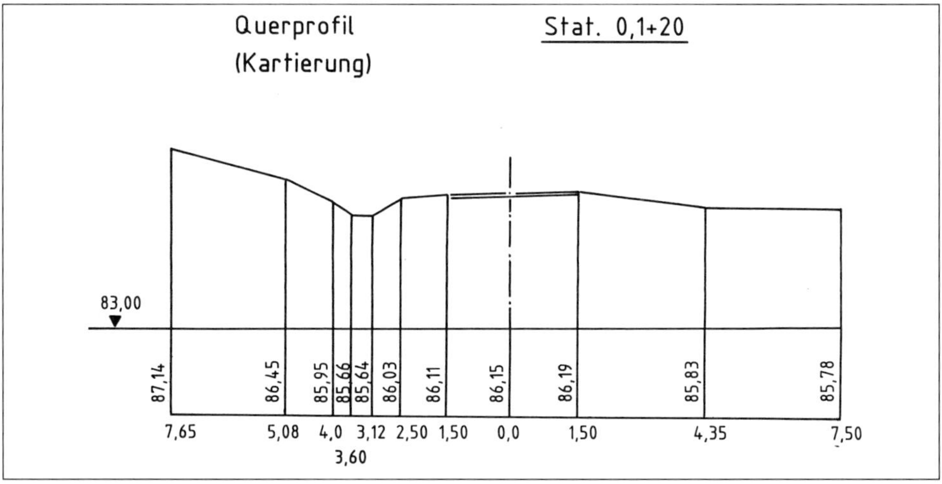

Abb. 4.3/8: Querprofil, Kartierung

a) Aufmaß von Querprofilen. Erfaßt werden alle markanten Geländepunkte (z. B. Hoch- und Tiefpunkte, Geländebrechpunkte, Änderungen in der Geländeneigung, Versprünge, Böschungsober- und -unterkanten, Wegeränder usw.). Die lage- und höhenmäßige Aufnahme der Punkte erfolgt in einem Arbeitsgang, wobei die Meßlatte auf den aufzunehmenden Punkt eingewiesen und mit dem Nivellier abgelesen wird (Punktvermarkung nicht erforderlich). Der Querabstand der Latte vom Stationspunkt wird horizontal mit dem Bandmaß gemessen (fortlaufende Messung siehe 3.2.2). Ein örtlich geführter Handriß *(Abb. 4.3/7)*, in den nach Augenschein die vorgewählten Aufnahmepunkte skizziert werden, erleichtert dabei das Einweisen der Latte und die spätere Ausarbeitung.
Zur Aufnahme von Querprofilen sind drei Bearbeiter erforderlich: zwei Personen zur Führung von Bandmaß und Meßlatte und eine Person am Nivellier und zur Feldbuchführung.
Querprofile werden in der Regel in einem zweiten Arbeitsgang nach dem Längsschnitt gemessen; es ist jedoch auch möglich, Längs- und Querprofile in einem Arbeitsgang aufzunehmen.
b) Darstellung von Querprofilen. Die Darstellung erfolgt unverzerrt (gleicher Maßstab der Längen und Höhen), weil eine häufig graphisch durchgeführte Ermittlung der

Querschnittsflächen dadurch erleichtert wird. Außerdem soll der Entwurf möglichst anschaulich sein *(Abb. 4.3/8)*. Als Maßstab eignet sich in den meisten Fällen M 1 : 100 oder der Höhenmaßstab des Längsschnittes.
Die Lattenablesungen werden dazu in Höhen umgerechnet:

Stationshöhe + Lattenablesung auf Stationspunkt = Instrumentenhorizont (IH)

IH – Lattenablesung auf Aufnahmepunkt = Höhe des Punktes

4.3.4 Flächennivellements

Längs- und Querprofile erfassen einen schmalen Geländestreifen, sie eignen sich besonders bei gekrümmten Längsachsen durch ihre gute Anpassung. Sollen jedoch größere Bereiche flächig erfaßt und das vorhandene Gelände räumlich dargestellt werden (z. B. Sportplatzbau), dann geschieht dies durch »Höhenschichtlinien« (Linien gleicher Höhe), die im Gegensatz zur reinen Höhenpunktdarstellung ein sehr viel anschaulicheres Bild vermitteln.

► **Grundlegende Arbeitsschritte:**
▷ Lagemäßiges Festlegen und Einmessen der aufzunehmenden Punkte nach verschiedenen Verfahren
▷ Höhenbestimmung durch Nivellement
▷ Konstruktion der Höhenschichtlinien durch Interpolation zwischen den gemessenen Punkten.

4.3.4.1 Rostaufnahme (Quadratnetz)

a) Aufmaß. Ein Quadratnetz (Rost) wird abgesteckt, indem zuerst die Außenlinien festgelegt und danach die inneren Punkte durch Schnittbildung gefunden werden. Die Rechtwinkligkeit sollte durch Diagonalproben (Pythagoras) überprüft werden. Für eventuell erforderlich werdende Nachmessungen oder zur Übertragung des Rasters in einen vorhandenen Lageplan wird mindestens eine Außenlinie (besser jedoch alle) auf 2 feste Punkte eingemessen (gesichert).
Bei größeren Flächen lassen sich die inneren Rasterpunkte auch ohne Absteckung direkt durch Einweisen der Meßlatte mittels Prisma und Bandmaß erfassen.
Der Punktabstand des Rasters richtet sich nach Geländeform, Geländegröße und erforderlicher Genauigkeit.
Richtwerte (Netzweite):
▷ 2 m, 4 m, 5 m, 10 m bei sehr kleinen Flächen (z. B. Hausgärten)
▷ 10 m, 20 m, 25 m bei mittleren Flächen (bis ca. 1 ha)
▷ 25–50 m bei sehr großen Flächen (über 1 ha). Hier wird der Meßaufwand bei diesem Verfahren allerdings schon sehr groß.
Das Nivellement wird in der Regel von einem Standpunkt aus mit Zwischenblicken durchgeführt.
Rostaufnahmen eignen sich für freies Gelände mit möglichst gleichmäßigem Oberflächenverlauf und nicht zu großen Höhenunterschieden (bis ca. 3 m, Meßlattenbereich). Bei sehr großen Flächen ergibt sich ein hoher Absteckaufwand für das Raster.
Das Verfahren ist einfach durchzuführen, erreicht jedoch nur eine relativ schlechte Geländeanpassung, da die Aufnahmepunkte durch das Raster und nicht durch markante

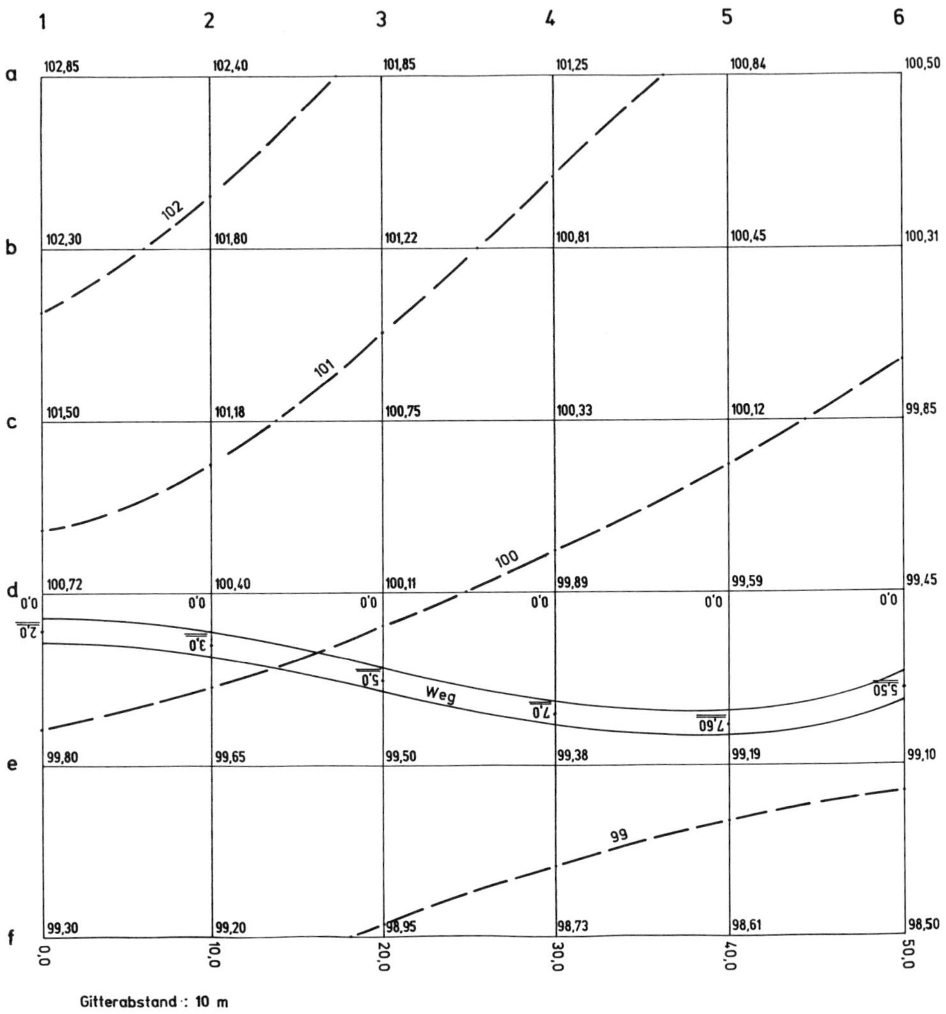

Abb. 4.3/9: Rasteraufnahme (Quadratnetz)

Geländepunkte bestimmt werden. Wichtige Zwischenpunkte müssen gesondert in das Netz eingemessen werden *(Abb. 4.3/9).*

b) Konstruktion der Höhenlinien im Plan. Durch Höhenschichtlinien (Isohypsen) in gleichen Höhenabständen erscheinen Geländeformen im Lageplan plastisch und lassen sich gut vorstellen; in Bereichen flacher Neigung liegen die Höhenlinien weiter auseinander, in steilerem Bereich rücken sie dichter zusammen.

Der Höhenabstand (senkrechter Abstand, Äquidistanz) richtet sich nach den Höhenunterschieden im Gelände, nach der Geländegröße und den Genauigkeitsanforderungen. Richtwerte (Höhenlinienabstand):

▷ 5 m, 2,5 m in Übersichtsplänen, bei größeren Gebieten und größeren Höhenunterschieden

▷ 1 m, 0,5 m in Ausführungsplänen

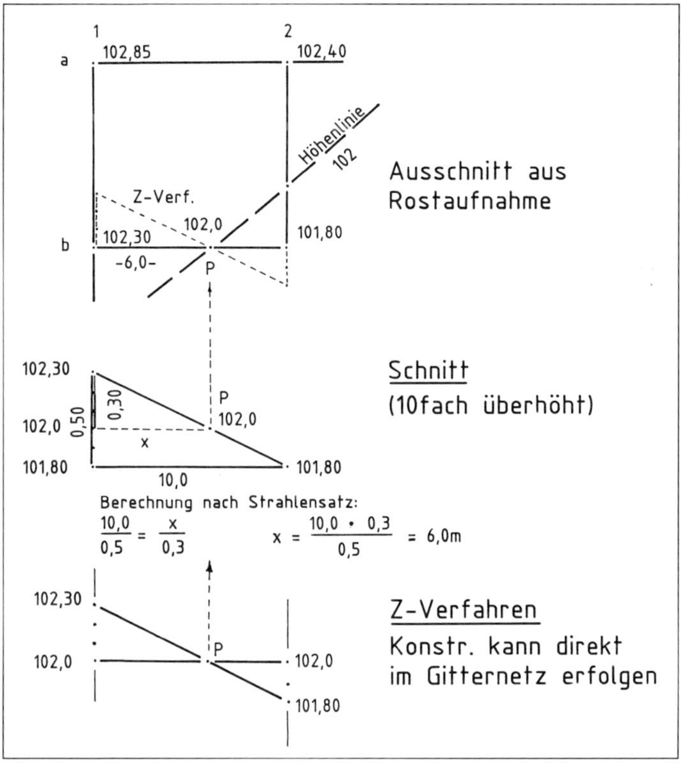

Abb. 4.3/10: Konstruktion von Höhenlinien, Interpolation

▷ 0,25 m (in Sonderfällen 0,10 m) in genauen Detailplänen, bei kleineren Bereichen.
Regeln für Geländedarstellungen:

▷ Höhenlinien dürfen sich nicht schneiden.
▷ Höhenlinien dürfen sich nicht verzweigen (gabeln)
▷ Höhenlinien haben entsprechend den Geländeformen einen ausgerundeten Verlauf (Ausnahme bei Bruchkanten im Gelände)
▷ Künstliche Geländeformen (z. B. Böschungen, Rampen usw.) werden durch Böschungssignaturen dargestellt.

Die Konstruktion von Höhenlinien erfolgt durch Interpolation zwischen 2 gemessenen Punkten, wobei immer runde Werte für Höhenlinien gewählt werden. Die Steigung zwischen den beiden gemessenen Punkten muß gleichmäßig sein, andernfalls führt die Interpolation zu falschen Ergebnissen. Diese Forderung wird weitgehend erfüllt, wenn in Richtung des stärksten Geländegefälles interpoliert wird.

► **Interpolation:** Die Interpolation zwischen den Rasterpunkten kann zeichnerisch oder rechnerisch erfolgen *(Abb. 4.3/10).*

Bei dem Rost wird auf den Quadratnetzseiten interpoliert. Da die Netzseite ein gleichmäßiges Geländegefälle nicht berücksichtigt, ist das Ergebnis nur ein angenähert richtiges Höhenlinienbild. In manchen Bereichen kann es deshalb auch zu Widersprüchen führen, wenn zusätzlich noch auf der Diagonalen interpoliert wird. Die Höhenlinien nehmen dann eine Schlangenlinienform an.

Bei ebenflächigen Geländeformen mit geringen Höhenunterschieden können oftmals einige wenige Punkte das Höhenlinienbild stark verfälschen, auch wenn die Interpolationen formal richtig durchgeführt wurden. In solchen Bereichen sollten die Höhenlinien durch Freihandlinien »geglättet« werden.
Bei der Erstellung von Höhenlinienplänen empfiehlt es sich immer, schon im Gelände nach Augenmaß eine Skizze vom ungefähren Höhenlinienverlauf anzufertigen. Auch die Richtung des stärksten Gefälles sollte vermerkt werden.

4.3.4.2 Profilaufnahme

Während bei einem Quadratnetz die Geländepunkte willkürlich erfaßt werden, weil sie nur durch das Raster bestimmt sind, kann durch eine Profilaufnahme eine wesentlich bessere Punktanpassung an das Gelände erfolgen. Erforderlich sind Umringlinien (z. B. Grenzlinien, Wegekanten, Gebäudefluchten usw.), in die die Profile lagemäßig eingebunden werden.
Die Geländeanpassung kann dabei erfolgen
▷ durch unterschiedliche Punktabstände auf den Profilen
▷ durch unterschiedliche Profilabstände

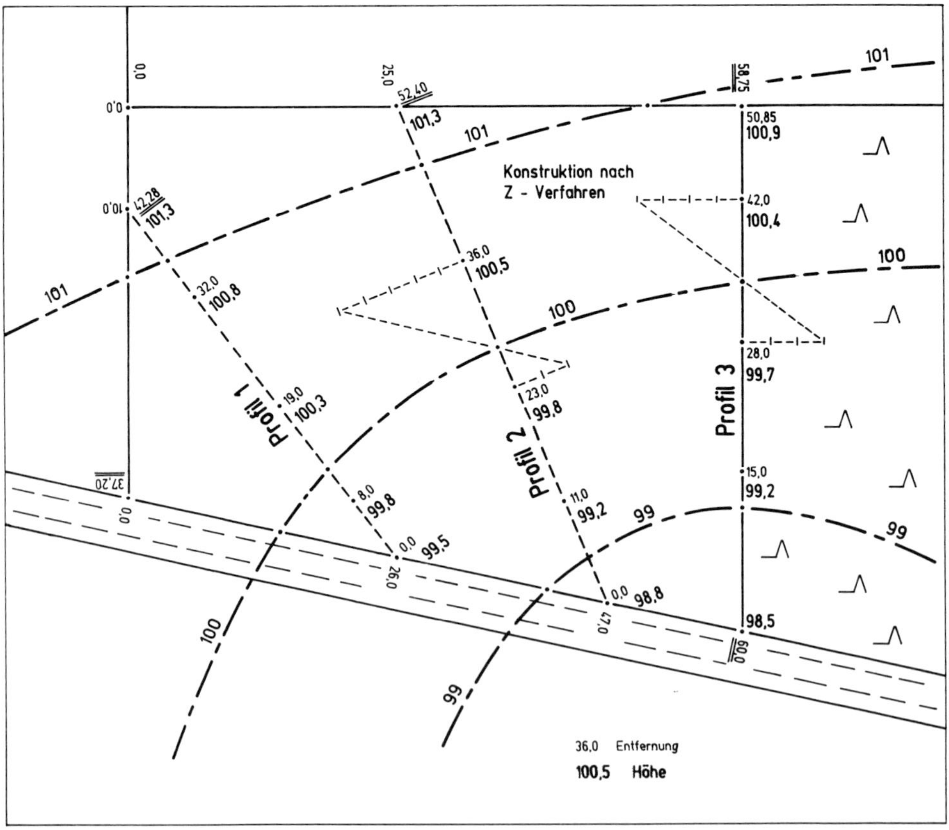

Abb. 4.3/11: Profilaufnahme

- ▷ durch unterschiedliche Richtungen der Profile, wobei das stärkste Gefälle im Gelände berücksichtigt werden kann *(Abb. 4.3/11)*.

Konstruktion der Höhenlinien siehe 4.3.4.1.

4.3.4.3 Nivelliertachymetrie

Hierbei handelt es sich um ein tachymetrisches Verfahren (siehe 5.1.1), das eine freie Wahl der Aufnahmepunkte im Gelände ermöglicht.
Bei der Konstruktion der Höhenlinien (siehe 4.3.4.1) wird die Entfernung zwischen 2 Punkten nach genauer Kartierung der Aufnahmepunkte zeichnerisch aus dem Lageplan abgegriffen.

5 Tachymetrie (Kombinierte Lage- und Höhenmessung)

Der Begriff »Tachymetrie« (Schnellmessung) bezeichnet ein Meßverfahren, bei dem Geländepunkte in einem Arbeitsgang sowohl der Lage nach als auch der Höhe nach eingemessen werden.
Die Lagemessung erfolgt dabei nach dem Polarverfahren (siehe 3.6.4) über Richtung und Entfernung, die Höhenbestimmung wird mit dem gemessenen Vertikalwinkel durch Dreiecksberechnungen (trigonometrisch) oder nach dem Nivellierverfahren (Nivelliertachymetrie) durchgeführt.
Von besonderer Bedeutung ist bei diesem Verfahren die Entfernungsmessung. Um die zeitaufwendige Bandmaßmessung – insbesondere bei größeren Aufnahmegebieten– zu vermeiden, erfolgt die Entfernungsmessung »optisch« oder »elektrooptisch«.
Mögliche Instrumente für tachymetrische Messungen:
▷ Nivellierinstrument mit Teilkreis
▷ Theodolit oder spezieller Tachymetertheodolit
▷ Elektronisches Tachymeter.

5.1 Optische Entfernungsmessung

Bei modernen Nivellierinstrumenten und Theodoliten befinden sich im Fernrohr außer dem eigentlichen Fadenkreuz (Strichkreuz) zwei symmetrisch dazu angeordnete horizontale Striche (Distanzstriche), mit deren Hilfe man je nach Entfernung einen bestimmten Abschnitt l auf einer Meßlatte ablesen kann. Dieser Lattenabschnitt wird mit zunehmendem Abstand der Latte vom Instrument immer größer.

$$\mathbf{l = l_o - l_u}$$

l = Lattenabschnitt
l_o = Ablesung oberer Distanzstrich
l_u = Ablesung unterer Distanzstrich

Um aus dem Lattenabschnitt die Entfernung zu bekommen, müssen 2 Konstanten, die sich aus der Bauart des Instrumentes ergeben, berücksichtigt werden:
a) die Multiplikationskonstante k
b) die Additionskonstante c.
Die Entfernung E vom Instrument zur Latte (Ziellinie rechtwinklig zur Latte) ergibt sich mit:

$$\mathbf{E = k \cdot l + c}$$

Alle neueren Instrumente sind so konstruiert, daß $k = 100$ und $c \approx 0$ ist (d. h., für praktische Messungen kann c vernachlässigt werden). Dadurch vereinfacht sich die Entfernungsbestimmung:

$$\mathbf{E = 100 \cdot l}$$

Da die Nivellierlatte für gewöhnlich nur auf mm-Genauigkeit abgelesen werden kann, wobei die 3. Nachkommastelle meist geschätzt wird, ist die optische Entfernungsmessung nur im dm-Bereich möglich *(Abb. 5.1/1)* und damit relativ ungenau. Diese Ungenauigkeit wächst mit zunehmender Lattenentfernung.
Damit scheidet das Verfahren für genauere Messungen aus, auch für Aufmaße zur Abrechnung von Baumaßnahmen ist es in den meisten Fällen nicht geeignet. Dagegen läßt es sich sinnvoll einsetzen bei topographischen Vermessungen (z. B. bei der Erstellung

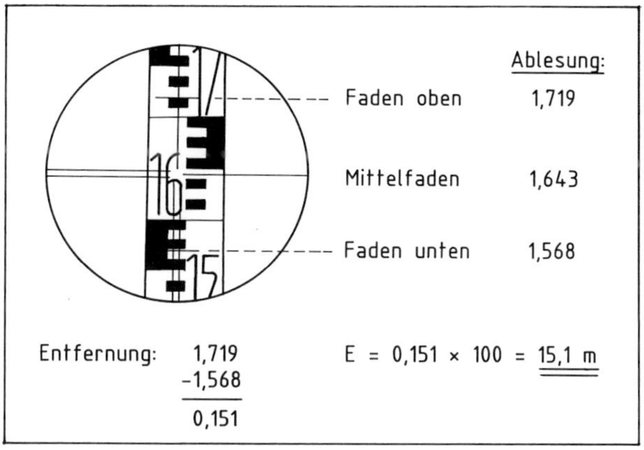

Abb. 5.1/1: Optische Entfernungsmessung

von Lageplänen, Geländedarstellungen, Höhenlinienplänen usw.), da hier die erzielte Genauigkeit und der Abbildungsmaßstab meist im richtigen Verhältnis stehen.
Beispiel: ca. 30–50 cm erzielte Genauigkeit auf 100 m ergeben bei Darstellung im Maßstab M 1 : 500 im Plan 0,5–1 mm (d. h. Strichstärkenbereich).
Die optische Entfernungsmessung im Rahmen tachymetrischer Verfahren läßt sich mit den im folgenden vorgestellten unterschiedlichen Instrumententypen durchführen.

5.1.1 Nivelliertachymetrie

Eine einfache Anwendungsmöglichkeit der optischen Entfernungsmessung ergibt sich bei der Verwendung eines Nivellierinstrumentes mit Teilkreis. Das Verfahren läßt sich jedoch nur in einem relativ ebenen Gelände durchführen, die Höhenunterschiede sollten im Bereich der Nivellierlatte (d. h. ca. 3 m) liegen. Auf Grund der waagerechten Ziellinie wird immer die Horizontalentfernung abgelesen; die Höhenmessung erfolgt nach dem Nivellierverfahren *(Abb. 5.1/2).*

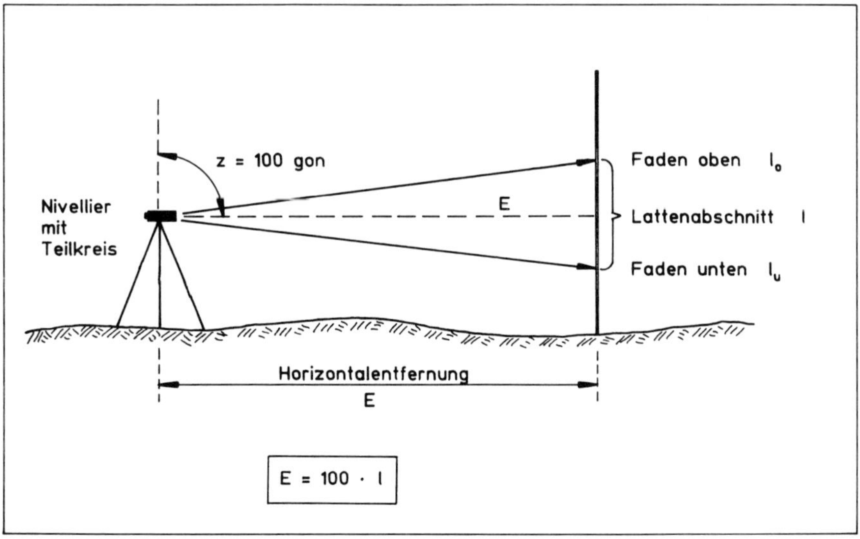

Abb. 5.1/2: Optische Entfernungsmessung mit dem Nivellier

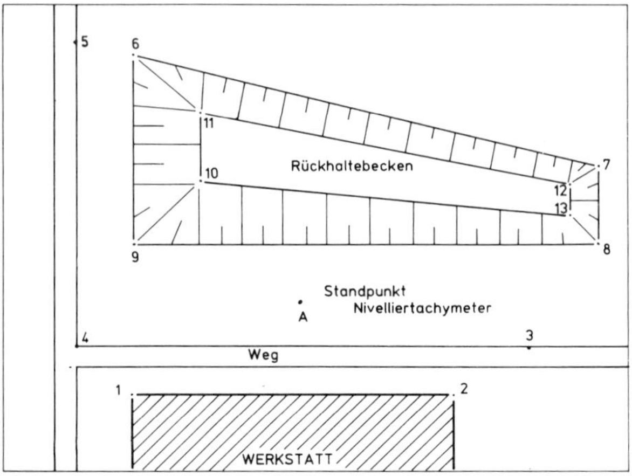

Abb. 5.1/3a: Nivelliertachymetrie

Abb. 5.1/3b: Nivelliertachymetrie, Feldbuch

Standpunkt / IH	Zielpunkt	ABLESUNG: Faden oben / Faden unten	ABLESUNG: Mittelfaden	ABLESUNG: Richtung (H_z ∢)	Entfernung $(l_o - l_u) \cdot 100$	Höhe des Punktes	Bemerkungen
A / 100,00	1	1,602 / 1,373	1,487	0,0	22,9	98,51	Ecke Werkstatt
– – –	2	1,598 / 1,388	1,493	267,5	21,0	98,51	Ecke Werkstatt
– – –	3	1,716 / 1,443	1,579	246,3	27,3	98,42	Weg
– – –	4	1,768 / 1,500	1,634	20,1	26,8	98,37	"
– – –	5	2,275 / 1,869	2,072	88,2	40,6	97,93	"
– – –	6	2,377 / 2,021	2,199	94,8	35,6	97,80	Böschung OK
– – –	7	2,049 / 1,667	1,858	205,0	38,2	98,14	"
– – –	8	1,962 / 1,609	1,785	219,2	35,3	98,22	"
– – –	9	1,972 / 1,787	1,879	54,5	20,7	98,12	"
– – –	10	3,449 / 3,264	3,356	87,1	18,5	96,64	Sohle (Böschung UK)
– – –	11	3,510 / 3,256	3,383	102,3	25,4	96,62	"
– – –	12	3,268 / 2,928	3,098	205,5	34,0	96,90	"
– – –	13	3,235 / 2,904	3,069	212,1	33,1	96,93	"

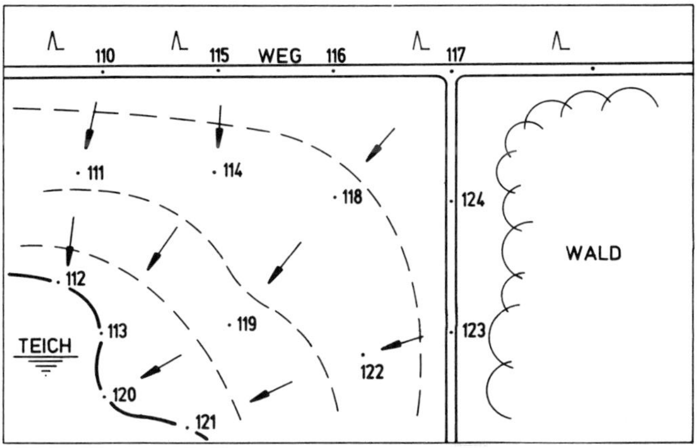

Abb. 5.1/4: Lagefeldbuch mit Richtung des stärksten Gefälles und angedeuteten Höhenlinien (unmaßstäblich)

► **Arbeitsschritte:**
a) Instrument auf bekanntem Punkt aufstellen, zentrieren und horizontieren oder freien Standpunkt wählen und diesen auf bekannte Punkte einmessen (z. B. Dreiecksmessung). Das Einmessen sollte wegen der höheren Genauigkeit mit dem Bandmaß erfolgen.
b) Instrumentenhöhe bestimmen, entweder mit einem Zollstock von der bekannten Standpunkthöhe oder durch einen Rückblick auf einen anderen Festpunkt.
c) Anschlußrichtung zu einem bekannten Lagefestpunkt bestimmen (am Teilkreis ablesen) oder eine Nullrichtung des Teilkreises festlegen (Orientierung).
d) Aufnahme der Geländepunkte. Dabei werden an der Latte abgelesen:
▷ oberer Distanzstrich l_o
▷ unterer Distanzstrich l_u
▷ Mittelstrich (kann zur Kontrolle auch aus l_o und l_u berechnet werden)
▷ Horizontalrichtung.
Ist noch kein Lageplan vorhanden, kann das Instrument beliebig aufgestellt werden, die Nullrichtung des Teilkreises (bei örtlichen Höhen auch die Instrumentenhöhe) ist dann beliebig.
Die Feldbuchführung erfolgt in Tabellenform, wobei die Aufnahmepunkte eine fortlaufende Punktnumerierung erhalten. Zusätzlich sollte örtlich eine unmaßstäbliche Lageskizze angefertigt werden, die die topographischen Gegebenheiten sowie die Aufnahmepunkte mit ihrer Punktnummer enthält.
Bei Geräteumstellung muß der neue Standpunkt durch Richtung und Entfernung an den vorhergehenden Standpunkt wechselseitig angeschlossen werden.

► **Beispiel:** Die Aufnahme eines Rückhaltebeckens zeigen *Abb. 5.1/3a+b*
Wird die Messung durchgeführt, um aus den Aufnahmepunkten Höhenlinien zu entwickeln (siehe 4.3.4.1), dann ist schon bei der Punktauswahl im Gelände zu beachten, daß später in Richtung des stärksten Gefälles interpoliert werden kann. Dazu wird das stärkste Gefälle durch einen Pfeil in der Feldbuchskizze protokolliert *(Abb. 5.1/4).*

5.1.2 Tachymetrie mit dem Theodolit

Bei größeren Höhenunterschieden im Aufnahmebereich (über ≈ 3 m) muß mit geneigtem Fernrohr gearbeitet werden. Dazu eignet sich ein Theodolit mit Vertikalkreis, mit dem die Horizontalentfernung E vom Instrument zum Aufnahmepunkt durch Berücksichtigung des Vertikalwinkels z ermittelt wird. Die Höhenbestimmung erfolgt in diesem Fall trigonometrisch; ermittelt wird der Höhenunterschied *h* von der Fernrohrachse (Kippachse) des Instrumentes bis zu dem an der Latte angezielten Mittelstrich *(Abb. 5.1/5).*

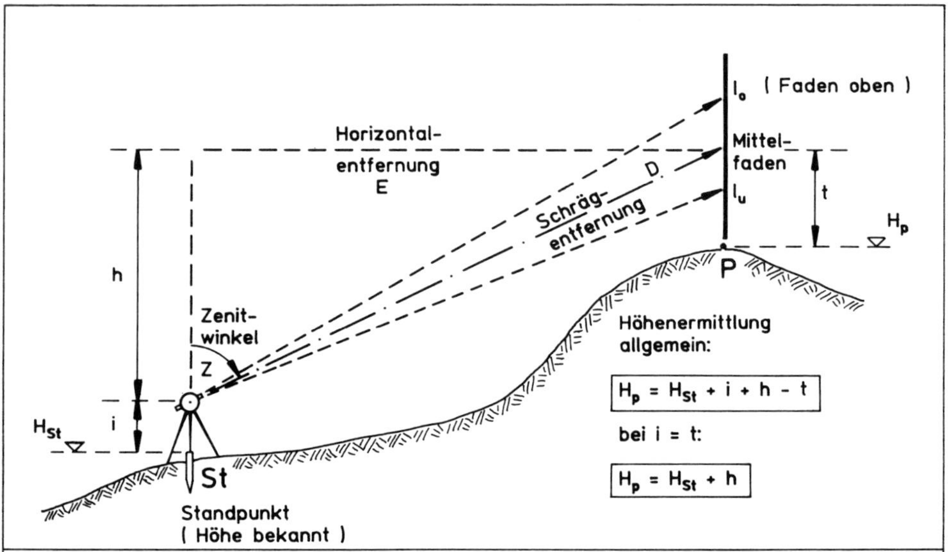

HORIZONTALENTFERNUNG:

$$E = 100 \cdot l \cdot \sin^2 z \quad ^{*)}$$

$l = l_o - l_u$ Lattenabschnitt
Z = Zenitwinkel

HÖHENUNTERSCHIED (Kippachse Theodolit – Mittelfadenablesung Latte) :

$$h = E \cdot \cot z \quad ^{*)}$$

oder

$$h = 50 \cdot l \cdot \sin 2z \quad ^{*)}$$

*) vereinfachte Formeln unter Vernachlässigung der Additionskonstanten

Abb. 5.1/5: Tachymetrie mit dem Theodolit

► **Arbeitsschritte:**

a) Der Theodolit wird auf dem bekannten Punkt mit bekannter Höhe aufgestellt, zentriert und horizontiert (siehe 3.4.2.2) und die Instrumentenhöhe i (Oberkante Punkt – Achse Fernrohr) mit dem Zollstock gemessen.

b) Die Bezugsrichtung (Orientierung) wird durch Anzielen eines weiteren Lagefestpunktes festgelegt.

c) Im Aufnahmepunkt wird die Latte mit dem Fadenkreuz (Mittelstrich) bei dem beliebigen Wert *t* angezielt oder genau bei dem Wert *i* (vereinfacht die Berechnung).

d) Abgelesen werden:

▷ oberer Distanzstrich l_o

▷ unterer Distanzstrich l_u

▷ Horizontalwinkel

▷ Vertikalwinkel.

Die Feldbuchführung und Auswertung erfolgt in Tabellenform.

Der Vorteil dieses Verfahrens liegt darin, daß die Messung unabhängig von den Höhenunterschieden und Geländeneigungen mit einem Theodolit und einer einfachen Meßlatte durchgeführt werden kann. Nachteilig sind die umständlichen Ablesungen pro Aufnahmepunkt und die aufwendige Auswertung.

Für Abrechnungsaufmaße ist das Verfahren wenig geeignet, überhaupt kommt es im Bereich des Landschaftsbaus selten zur Anwendung.

5.1.3 Reduktionstachymeter (Diagrammtachymeter)

Diagrammtachymeter sind spezielle Theodolite, die in erster Linie für Tachymeteraufnahmen entwickelt wurden. Neben den üblichen Funktionen eines Ingenieurtheodolits befinden sich im Blickfeld des Fernrohrs »Entfernungskurven« und »Höhenkurven« (Diagramme), deren Abstände zu einer Grundkurve sich je nach Fernrohrstellung ändern. Diese Kurven ersetzen die Distanzstriche. Bei jeder beliebigen Fernrohrneigung kann mit Hilfe dieser Kurven so die Horizontalentfernung und der Höhenunterschied in Form des jeweiligen Lattenabschnittes abgelesen werden, es entfällt die Ablesung des Vertikalwinkels und die Berechnung von *E* und *h (Abb. 5.1/6a+b).*

Im Zusammenhang mit diesem Instrument wird meist eine spezielle Tachymeterlatte verwendet. Sie unterscheidet sich von einer üblichen Meßlatte durch eine Zielmarke, auf die die Grundkurve im Fernrohr eingestellt wird; dadurch braucht die Differenz $l_o – l_u$ nicht mehr gebildet zu werden, und auch der Höhenunterschied *h* kann direkt abgelesen werden. Außerdem besitzt die Latte einen ausziehbaren Fuß, der auf die Instrumentenhöhen eingestellt wird, so daß der effektive Höhenunterschied vom Standpunkt zum Aufnahmepunkt sofort abgelesen werden kann. Die Verwendung einer üblichen Meßlatte ist jedoch auch möglich.

Der Einsatz eines Diagrammtachymeters mit einer Tachymeterlatte bedeutet gegenüber dem einfachen Theodolit besonders bei der Messung selbst, aber auch bei der Auswertung eine erhebliche Vereinfachung.

Diagrammtachymeter waren lange Zeit *das* Instrument für Geländeaufnahmen; heute sind sie weitgehend durch elektronische Tachymeter (siehe 5.2.2) verdrängt.

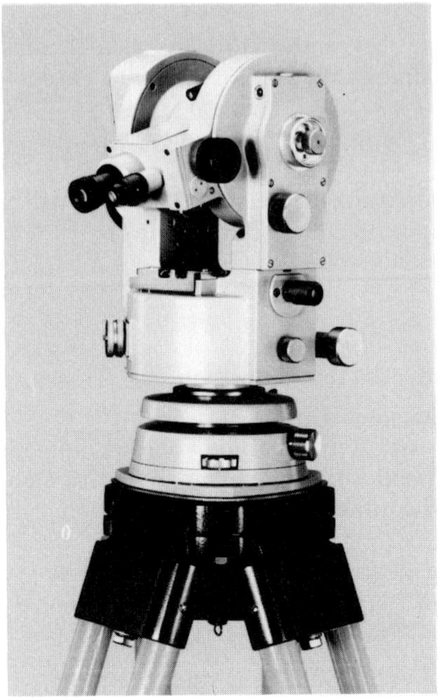

Abb. 5.1/6a: Diagramm-Reduktions-Tachymeter (Zeiss RTa 4)

Sehfeld
Fernrohrlage I
E = 33,2 m,
Δ h = +3,66 m

Sehfeld
Fernrohrlage II
E = 33,0 m,
Δ h = +4,71 m

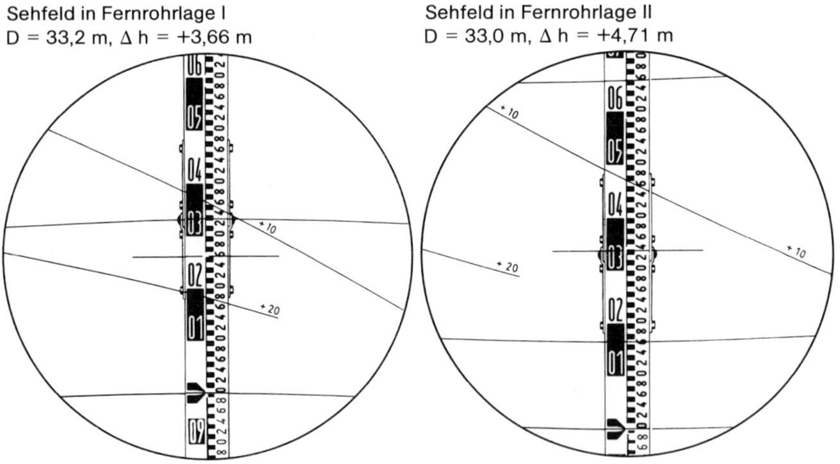

Abb. 5.1/6b: Reduktions-Tachymeter, Lattenablesung (Zeiss RTa 4)

5.2 Elektronische Geräte und Verfahren

5.2.1 Elektrooptische Entfernungsmessung

Ein besonderes Problem in der Vermessungstechnik war seit jeher die Entfernungsmessung. Während mechanische Längenmessungen (Meßlatten, Bandmaß usw.) über größere Entfernungen sehr aufwendig und langwierig sind, ist bei der optischen Entfernungsmessung (Distanzstriche) die erzielte Genauigkeit nicht zufriedenstellend.
Unter diesen Gesichtspunkten wurde schon in den 60er Jahren ein elektronisches Meßverfahren entwickelt, das seitdem einen großen Aufschwung und eine umfassende Weiterentwicklung erfahren hat. Heute steht damit ein ausgereiftes, äußerst leistungsfähiges und genaues Verfahren zur Verfügung, durch das die gesamte Vermessungstechnik tiefgreifend verändert wurde.

▷ **Das Meßprinzip:** Bei der elektrooptischen Distanzmessung werden elektromagnetische Wellen im Infrarotbereich als »Informationsträger« verwendet. Die Wellen werden gebündelt von einem Sender-Empfängergerät, das im Anfangspunkt der zu messenden Strecke steht, abgestrahlt. Ein Reflektor im Endpunkt der Strecke wirft die ankommende Welle zurück zum Ausgangspunkt, wo sie vom Empfängerteil wieder aufgefangen wird *(Abb. 5.2/1)*. Als Reflektor wird ein Glasprisma verwendet, das auf einem Stab befestigt ist und senkrecht über dem Punkt gehalten wird *(Abb. 5.2/2a+b)*.
Die Schrägentfernung vom Gerät zum Reflektor kann nach 2 Verfahren ermittelt werden:

a) Impulsverfahren. Bei diesem Prinzip (Pulsentfernungsmesser) wird die Laufzeit eines Wellenimpulses beim Durchlauf der doppelten Strecke gemessen. Durch die bekannte Ausbreitungsgeschwindigkeit der Welle läßt sich die zurückgelegte Entfernung bestimmen. Dieses Verfahren eignet sich besonders für größere Reichweiten, wie sie in der Landesvermessung vorkommen. Neuerdings wurden jedoch auch kleinere Geräte für kürzere Distanzen entwickelt, die in der Ingenieurvermessung eingesetzt werden.

b) Phasenvergleichsverfahren. Bei den meisten elektrooptischen Entfernungsmessern, die in der Ingenieurvermessung zum Einsatz kommen, wird die Entfernung aus einer Phasenverschiebung ermittelt, die zwischen abgeschickter und zurückkommender Welle entsteht. Die Phasenverschiebung, die bei der Reflexion entsteht, ergibt das »Reststück« einer Wellenlänge. Aus der bekannten Wellenlänge und diesem Reststück läßt sich die Entfernung bestimmen.

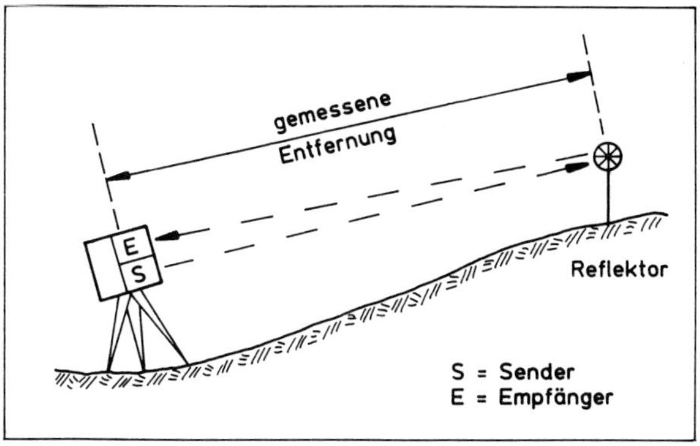

Abb. 5.2/1: Elektrooptische Distanzmessung, Meßprinzip

Die Reichweite dieser Geräte liegt etwa bei 1–5 km, die erzielte Genauigkeit ist sehr hoch (ca. 1–5 mm pro km).
Für spezielle Anwendungen gibt es auch Entfernungsmesser, die ohne Reflektor arbeiten. Dabei wird der Meßstrahl direkt von einem Objekt (z. B. Gebäudewand) reflektiert.

Abb. 5.2/2a: Reflektor (Prismenstab)

Abb. 5.2/2b: Reflektor (Fa. Zeiss)

5.2.2 Elektronische Tachymeter

Durch ständige Weiterentwicklung wurden die elektrooptischen Entfernungsmesser in den vergangenen Jahren nicht nur technisch verbessert, sie wurden auch immer kleiner, leichter und handlicher, was gerade für die Verwendung im Gelände ein wesentlicher Gesichtspunkt ist.

Heute bieten die meisten Hersteller die Entfernungsmesser im Rahmen zweier Meßsysteme an:

a) Ein elektrooptischer Distanzmesser läßt sich als separates Gerät mit einem Theodolit kombinieren. Als Aufsatzgerät wird er auf dem Fernrohr des Theodolits befestigt und bewegt sich so mit dem Fernrohr.

Die Kombination mit einem optischen Theodolit ist möglich, jedoch geht die Entwicklung in Richtung elektronischer Theodolite, bei denen Horizontal- und Vertialwinkel nicht mehr über Skalen abgelesen werden, sondern eine elektronische Abtastung der Teilkreise erfolgt. Die dabei aufgenommenen Impulse werden über Mikroprozessoren weiterverarbeitet und auf einem LCD-Display digital angezeigt. Theodolit und Entfernungsmesser sind dabei genau aufeinander abgestimmt *(Abb. 5.2/3).*

Vorteil dieses Systems: Der Theodolit kann auch separat verwendet werden; verschiedene Gerätekombinationen sind möglich.

b) Der elektronische Distanzmesser ist in den Theodolit integriert (Totalstation). Diese Bauweise scheint sich bei den verschiedenen Herstellern am stärksten durchzusetzen. Dabei handelt es sich immer um einen elektronischen Theodolit, bei dem die elektromagnetischen Wellen durch das Fernrohr abgestrahlt werden *(Abb. 5.2/4).*

Vorteile dieses Systems:

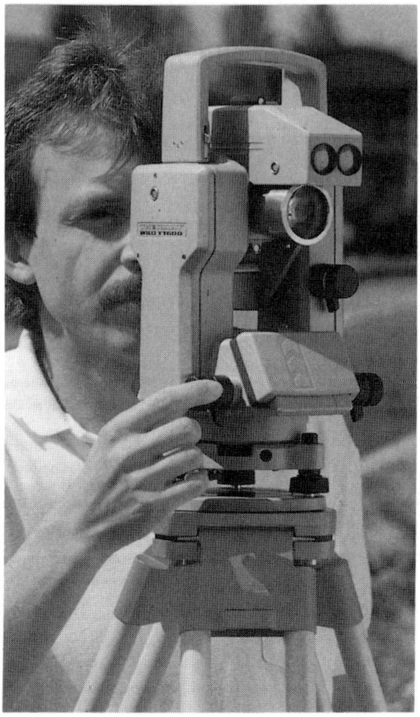

Abb. 5.2/3: Elektronischer Theodolit mit aufgesetztem Distanzmesser (Leica)

Abb. 5.2/4: Elektronisches Tachymeter (Zeiss Elta 3)

Ablesung:

VD: Höhenunterschied 1,604 m
(Vertikaldifferenz)

HA: Horizontalrichtung 164,969 gon

HD: Horizontalentfernung 13,095 m

Abb. 5.2/5: Einfaches elektronisches Tachymeter (Nikon D 50)

▷ Das Justieren des Distanzmessers auf die Ziellinie des Fernrohrs entfällt
▷ Das Instrument ist etwas handlicher und kompakter (z. B. beim Durchschlagen des Fernrohrs in Fernrohrlage 2)
▷ Das Instrument ist etwas preisgünstiger als ein elektronischer Theodolit und Distanzmesser separat.

Während in der Vergangenheit elektronische Tachymeter ausschließlich mit mittlerer und hoher Winkelmeßgenauigkeit (vergl. Ingenieurtheodolit, Feinmeßtheodolit) hergestellt wurden, werden nun auch zusätzlich immer mehr Instrumente mit niederer Winkelmeßgenauigkeit (vergl. Bautheodolit) angeboten, die sich für topographische Vermessungen, Baustellenaufmaße und -absteckungen eignen und einen entsprechend günstigen Anschaffungspreis haben *(Abb. 5.2/5)*.
Elektronische Tachymeter (unabhängig davon, ob der Distanzmesser integriert oder als separates Gerät aufgesetzt ist) sind universell für alle Bereiche der Lage- und Höhenmessung, der Geländeaufnahme, Profilaufnahme sowie für Baustellenaufmaße einsetzbar. Mit jedem Meßvorgang wird 1 Punkt im Gelände, auf den ein Reflektor gehalten (oder bei genauen Messungen fest aufgebaut) wird, durch einen Datensatz erfaßt und angezeigt. Dieser Datensatz besteht aus den Grunddaten:

▷ **Hz** Horizontalwinkel (Richtung r)
▷ **V** Vertikalwinkel (Zenitwinkel Z)
▷ **D** Schrägentfernung

sowie Zusatzinformationen (Punkt-Nr., gegebenenfalls Codes zur Unterscheidung der gemessenen Punkte).
Aus diesen Grunddaten lassen sich später alle weiteren benötigten Größen (z. B. Koordinaten, Längen, Höhen, Flächen usw.) ermitteln. Außerdem besitzen die Instrumente

selbst einen eingebauten Rechner, der diese Grunddaten sofort weiterverarbeitet, so daß schon nach der Messung sofort folgende zusätzliche Datenkombinationen angezeigt werden können:

▷ **Hz** Horizontalwinkel (Richtung r)
▷ **h** Höhenunterschied (zwischen Kippachse des Instrumentes und Prisma)
▷ **E** Horizontalentfernung

oder die Koordinaten des gemessenen Punktes, bezogen auf den Instrumentenstandpunkt, wobei die Nullrichtung des Horizontalteilkreises die positive x-Richtung ist und als Bezugshöhe der Instrumentenhorizont zugrunde liegt:

▷ **y**
▷ **x**
▷ **z** (örtliche Höhe)

Die Höhe eines aufgenommenen Punktes ergibt sich dann nach *Abb. 5.2/6.*

Darüber hinaus sind bei manchen Instrumenten eine ganze Reihe weiterer Benutzerprogramme installiert, mit denen sich gleich vor Ort die meisten vermessungstechnischen Grundaufgaben lösen lassen, so daß schon im Felde eine Auswertung der Meßdaten erfolgen kann. Auf diese Weise lassen sich Spannmaße (Entfernung zwischen 2 angeziel-

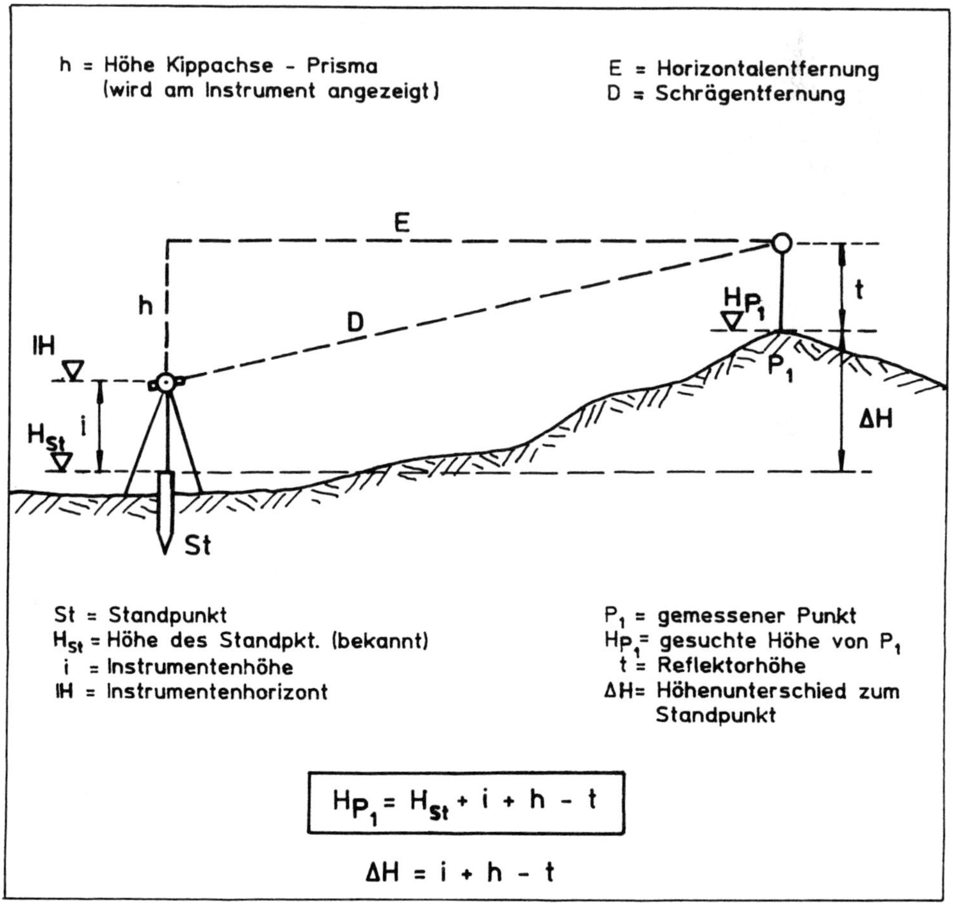

Abb. 5.2/6: Höhenbestimmung mit dem elektronischen Tachymeter

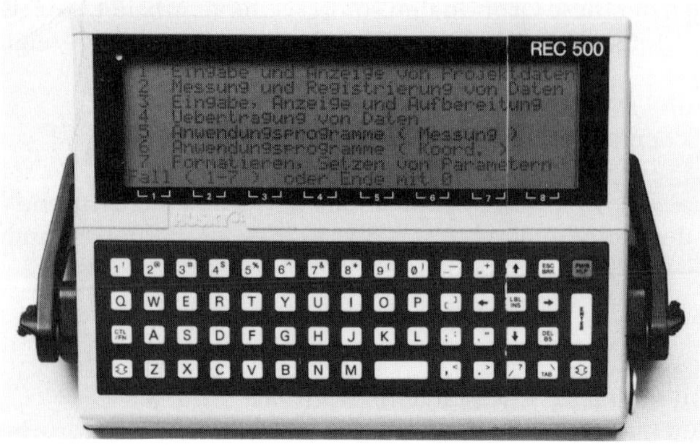

Abb. 5.2/7a: Datenspeicher (Zeiss Rec 500)

Abb. 5.2/7b: Elektrooptisches Aufmaß eines Weges

ten Punkten), Objekthöhen, Flächengrößen ermitteln oder Absteckungen (tracking) durchführen.

Von besonderer Bedeutung sind in diesem Zusammenhang Programme, die eine »freie Stationierung« (Bestimmung der Standpunktkoordinaten bei Instrumentenaufstellung an beliebiger Stelle) ermöglichen (siehe 5.2.4).

Speicherung der Meßdaten

Mit Hilfe der Elektronik lassen sich Meßwerte nicht nur digital anzeigen, sondern auch speichern. Für den Benutzer ist dies von größter Bedeutung, denn dadurch entfällt das zeitaufwendige Ablesen und Notieren der Meßwerte, das auch immer Fehlermöglichkeiten beinhaltet. Außerdem können die Daten später auf eine EDV-Anlage (PC oder Großrechner) übertragen und dort weiterbearbeitet werden.

Die Möglichkeit der Datenspeicherung und -übertragung wurde in den letzten Jahren ebenfalls ständig verbessert und damit immer benutzerfreundlicher.

Heute werden hauptsächlich zwei Systeme verwendet:

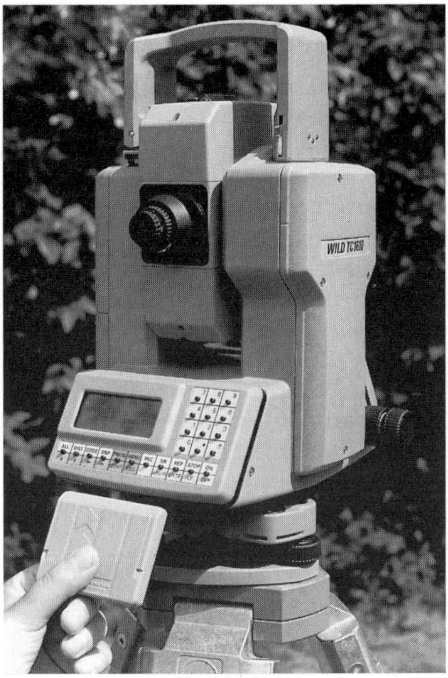

Abb. 5.2/8: Computer-Tachymeter mit einschiebbarem Rec-Modul zur Datenspeicherung (Leica TC 1610)

Abb. 5.2/9: Datenlesegerät (Leica)

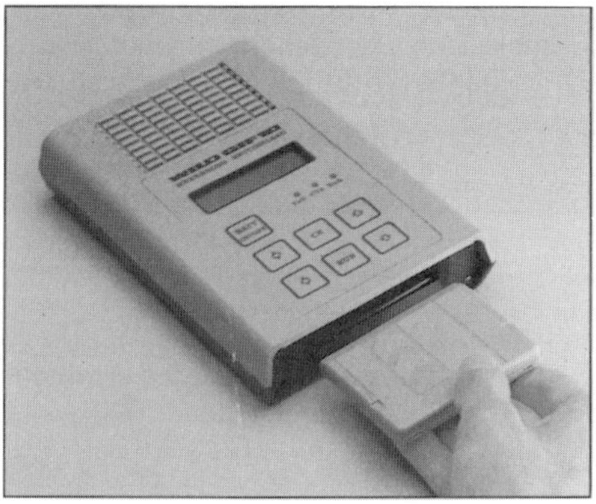

a) Tachymeter und Datenspeicher sind zwei getrennte Geräte. In diesem Fall ist der Datenspeicher meist ein kleiner, leistungsstarker und dabei wetterfester Feldcomputer mit zugehörigen Anwenderprogrammen, die menuegesteuert über ein großes Anzeigefeld (display) die Speicherung und Auswertung der Meßdaten ermöglichen *(Abb. 5.2/7a)*. Dieser Feldcomputer (Bezeichnung auch »Elektronisches Feldbuch«, »Memoboard« o. ä.) besitzt eine eigene Stromversorgung und wird durch ein Übertragungskabel mit dem Tachymeter verbunden.
Im Büro läßt sich das Gerät dann ebenfalls über eine Kabelverbindung (Schnittstelle) mit einer EDV-Anlage verbinden, die Datenübertragung erfolgt mit einem speziellen Datentransferprogramm.
Vorteile dieses Systems:

- ▷ Der Datencomputer läßt sich mit anderen Tachymetern oder elektronischen Theodoliten kombinieren
- ▷ Eigenprogrammierung ist möglich
- ▷ Das große Anzeigenfeld ermöglicht eine sehr übersichtliche Benutzerführung.

b) Der gesamte Feldcomputer einschließlich fest installierter Benutzersoftware ist in das Tachymeter integriert (Computertachymeter), die Datenspeicherung erfolgt auf kleinen, handlichen Modulen *(Abb. 5.2/8)*. Über ein Lesegerät (interface) *(Abb. 5.2/9)*, das fest an die stationäre EDV-Anlage im Büro angeschlossen ist, werden die Daten vom Speichermodul übertragen. Die Entwicklung immer kleinerer elektronischer Bauteile machte dieses System möglich, das eine optimale Handlichkeit und Flexibilität aufweist.
Vorteile dieses Systems:

- ▷ Nur noch **ein** kompaktes Gerät für Messung, Registrierung und Berechnungen
- ▷ Bei der Datenregistrierung und -übertragung brauchen keine Steckverbindungen mit Kabeln hergestellt zu werden
- ▷ Die Speichermodule können für verschiedene Instrumententypen (des gleichen Herstellers) verwendet werden.

5.2.3 EDV-Auswertung der Meßdaten

Beim Einsatz eines elektronischen Tachymeters mit Datenregistrierung ist eine Weiterverarbeitung der Meßdaten mit modernen Techniken die sinnvolle Konsequenz.
In den meisten Fällen besteht der erste Schritt einer Auswertung darin, für jeden einzelnen gemessenen Punkt die Lagekoordinaten *y; x* und die Höhe in einem örtlichen oder in einem übergeordneten System (z. B. Gauß-Krüger, NN) zu ermitteln. Das geschieht entweder gleich vor Ort (z. B. mit einem Computertachymeter) oder nach Datenübertragung in eine stationäre EDV-Anlage im Büro mit spezieller Vermessungssoftware.
Mit solchen Vermessungsprogrammen, die von zahlreichen Herstellern angeboten werden, lassen sich grundlegende vermessungstechnische Berechnungen durchführen, wie z. B.:

- ▷ Polygonzugberechnung
- ▷ Vorwärts-/Rückwärtseinschnitt
- ▷ Freie Stationierung
- ▷ Polaraufmaß
- ▷ Koordinatentransformation
- ▷ Flächenberechnung

Im Landschaftsbau besteht neben der Aufgabe, Mengen für Abrechnungen zu ermitteln (siehe Teil 6), auch die Forderung, Bestands- und Aufmaßpläne zu erstellen.

Hierzu gibt es weitere spezielle Anwendersoftware:

CAD (computer aided design):
Jede Messung liefert ein Punktfeld aus Einzelpunkten, wobei jeder Punkt der Lage nach durch seine Koordinaten y, x und durch die Geländehöhe definiert ist. Diese Punkte lassen sich auf einem Bildschirm lagerichtig sichtbar machen, mit oder ohne Punktnummer oder Höhe darstellen und mit dem CAD-Programm zu einem Lageplan weiterentwickeln:

- ▷ Durch Linienverbindungen von Punkten werden Wege, Gebäude, Grenzen, Ränder usw. dargestellt
- ▷ Durch automatische Schraffuren, Böschungssignaturen, Symbole für Bäume usw. sowie durch Beschriftungen können die Pläne vervollständigt werden
- ▷ Bei der Bearbeitung lassen sich Teilbereiche herausgreifen und beliebig vergrößern
- ▷ Die Bildinhalte lassen sich verschiedenen Ebenen zuordnen, die später eine beliebige Kombination ermöglichen (wenn z. B. auf einer Ebene alle Bäume dargestellt werden, läßt sich der Plan später wahlweise mit oder ohne Bäume erstellen).

So entsteht der Lageplan zunächst als Computerbild auf dem Bildschirm, das dann gespeichert oder in jedem beliebigen Maßstab von einem Plotter gezeichnet werden kann. Ein Beispiel zeigt *Abb. 5.2/10*, hier wurde ein Bestandsplan aus ca. 7000 elektrooptisch aufgemessenen Punkten mit einem CAD-Programm erstellt; von den ca. 400 Bildebenen, auf denen die Planinhalte abgelegt worden sind, ist in der Abbildung nur eine Auswahl dargestellt.

Digitales Geländemodell (DGM):
Da gerade bei Projekten des Landschaftsbaus häufig unebene Geländebereiche oder unregelmäßige Geländemodellierungen vorkommen, sind die Anwendungsmöglichkeiten für ein »digitales Geländemodell« gegeben.
Mit diesem speziellen Programm läßt sich eine unregelmäßige Geländeoberfläche erfassen und darstellen. Dazu werden die gemessenen Punkte zunächst automatisch zu einem Dreiecksnetz vermascht, das dann die Interpolation einer Punkthöhe an jeder beliebigen Stelle ermöglicht. Die Interpolation wird dabei nicht nur linear zwischen zwei vorhandenen Punkten durchgeführt, sondern durch einen mathematisch aufwendigen Algo-

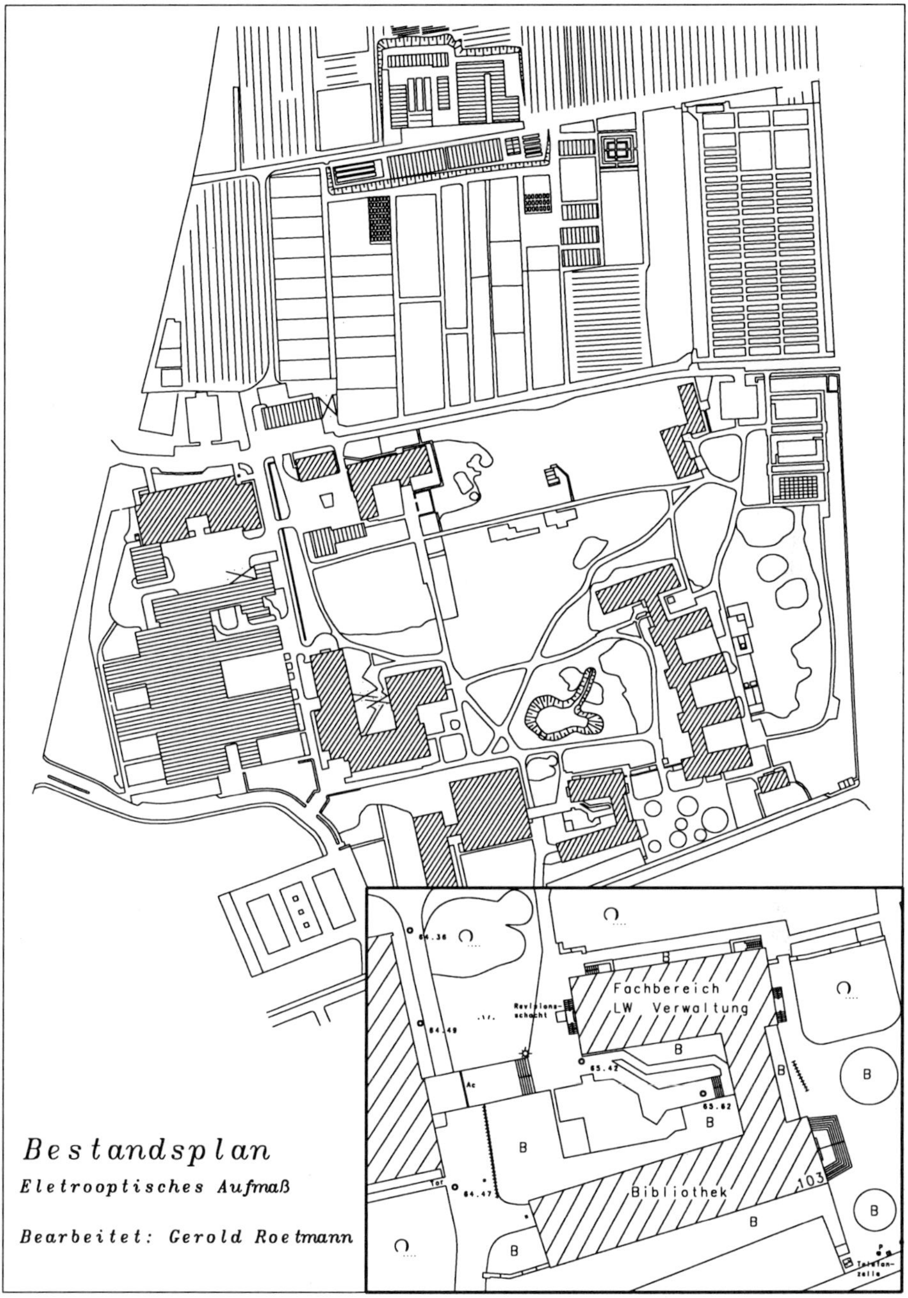

Abb. 5.2/10: CAD-Bestandsplan mit Ausschnittvergrößerung

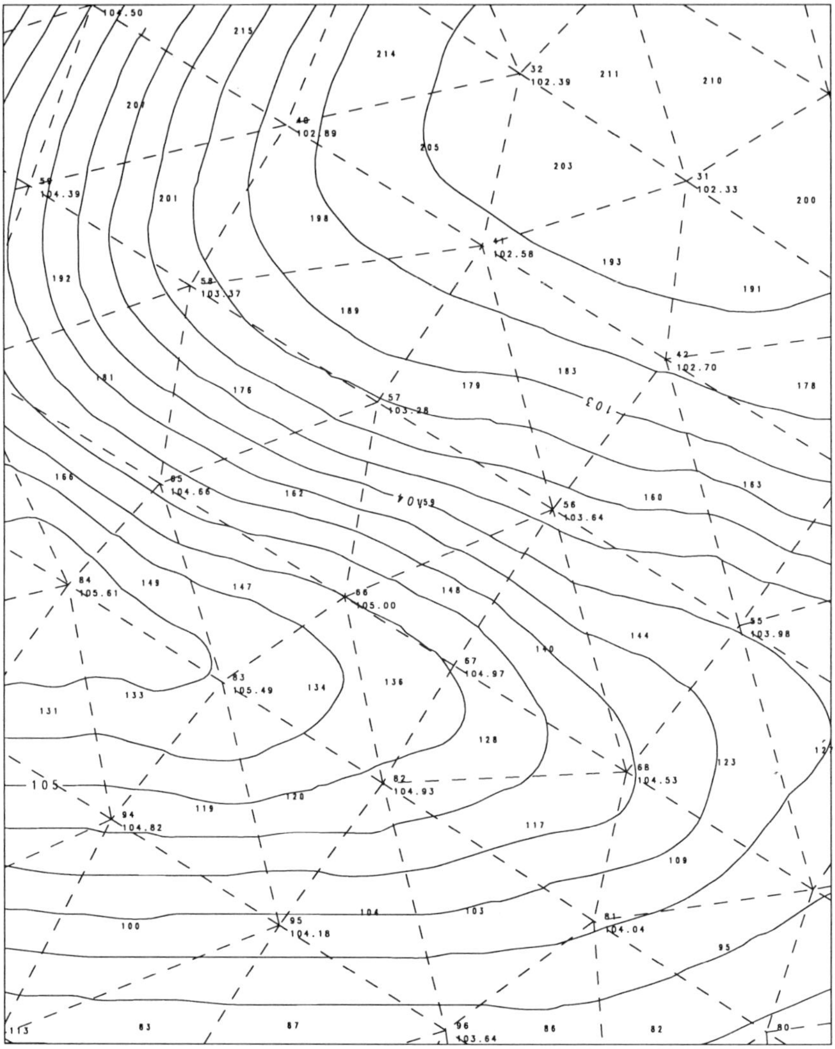

Abb.5.2/11: CAD-Höhenlinienplan mit Dreiecksvermaschung (Ausschnitt)

rithmus ist es möglich, das umgrenzende Punktfeld miteinzubeziehen, so daß eine möglichst optimale Geländeanpassung erfolgt.
Außerdem ist es möglich, am Bildschirm Vertikalschnitte an beliebiger Stelle durch das Gelände zu legen und als Profile darzustellen.
Selbst Höhenschichtlinien lassen sich erzeugen und zu Höhenlinienbildern mit gewählten Höhenlinienabständen vervollständigen *(Abb. 5.2/11).*
Alle Bilder können gespeichert oder mehrfarbig im gewünschten Maßstab über einen Plotter ausgegeben werden.
Elektronisches Tachymeter, Registriergerät, EDV-Anlage, CAD-Software, Drucker und Plotter bilden eine Kette von Einzelbestandteilen, von denen jedes Teil für sich viele Anwendungsmöglichkeiten bietet. Im Zusammenhang ergibt sich ein sinnvolles Vermessungssystem, mit dem sehr schnell und sehr genau gearbeitet werden kann. Manuelle Tätigkeiten werden dabei immer mehr verdrängt.

Die Kosten jedes Einzelteils, besonders aber des kompletten Systems sind erheblich und stehen in keiner Relation zu den Kosten herkömmlicher Vermessungsgeräte. Für viele Büros und Betriebe im Bereich des Landschaftsbaus wird daher dieser Aufgabenbereich zur Zeit noch von Spezialfirmen übernommen.

5.2.4 Freie Stationierung (Fallbeispiel)

An einem Anwendungsfall soll beispielhaft die Arbeitsweise mit einem elektronischen Tachymeter sowie die Auswertung der Meßdaten nochmals verdeutlicht werden.

Ausgangssituation:
Im Rahmen eines Geländeaufmaßes zur Erstellung eines Bestandsplans soll ein Parkplatz eingemessen werden *(Abb. 5.2/12)*. Für eine spätere CAD-Bearbeitung mit der Möglichkeit der Übertragung in vorhandene Planunterlagen sind die Koordinaten der eingemessenen Punkte im Landessystem (Gauß-Krüger, vergl. Kap. 2.2.1) gefordert. Dazu stehen als Anschlußpunkte 2 vorhandene Aufnahmepunkte A und E (AP-Punkte mit bekannten Koordinaten) zur Verfügung, die im »Wirtschaftsweg« durch Eisenbolzen vom Vermessungsamt vermarkt worden sind. Da bei dem Aufmaß auch die Geländehöhen ermittelt werden sollen, wurde vor Beginn des Aufmaßes mit einem Ingenieurnivellier ein Liniennivellement (vergl. Kap. 3.4.2.2) vom nächstgelegenen Höhenfestpunkt durchgeführt, so daß auch die NN-Höhen der beiden Punkte A und E vorliegen.

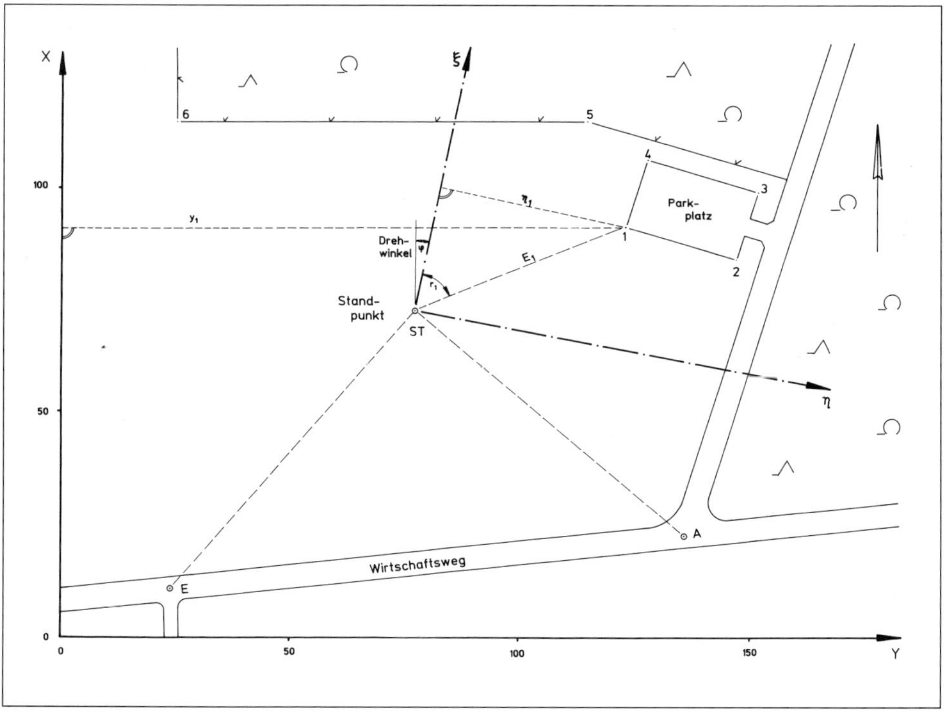

Abb. 5.2/12: Fallbeispiel: Geländeaufmaß mit freier Standpunktwahl

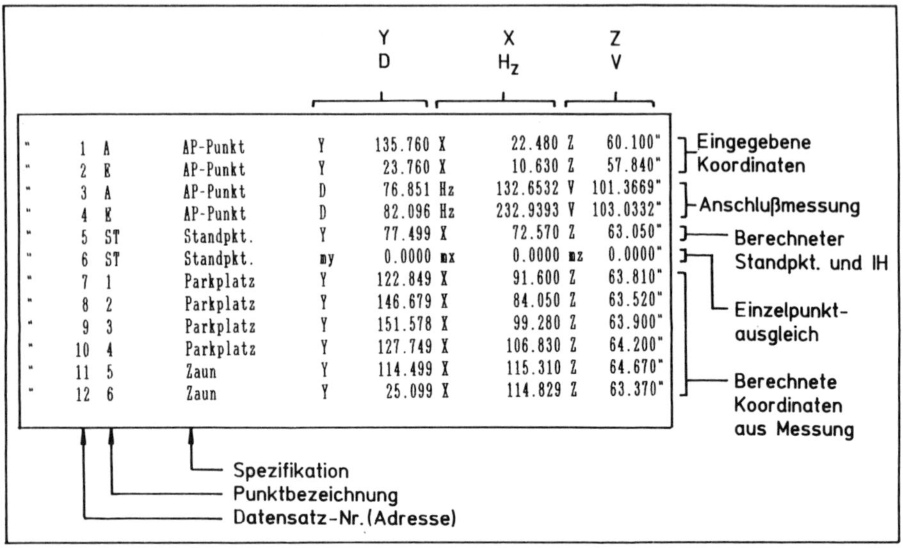

Abb. 5.2/13: Fallbeispiel: Daten im Elektronischen Feldbuch (Zeiss Rec 500)

Ablauf des Aufmaßes:
Bei dem eigentlichen Aufmaß kommt ein Elektronisches Tachymeter mit separatem Datenspeicher (Elektronisches Feldbuch) zum Einsatz *(siehe Abb. 5.2/7)*.
Zunächst wird ein beliebiger Standpunkt (Punkt ST) gewählt, von dem aus alle einzumessenden Punkte gut sichtbar sind (freie Stationierung). Diese freie Standpunktwahl hat zwei erhebliche Vorteile gegenüber der Aufstellung über einem vorhandenen Festpunkt:
a) Die günstigste Lage, von der aus möglichst viel zu überblicken ist, kann so gewählt werden.
b) Das Aufstellen des Instrumentes ist wesentlich einfacher als das umständliche Zentrieren über einem festen Punkt (vergl. Kap. 3.4.2.2).
Nach dem Aufstellen des Instrumentes ergibt sich eine zufällige Nullrichtung des Horizontalteilkreises, die dem örtlichen η, ξ-Koordinatensystem entspricht (ξ ist Nullrichtung des Teilkreises). In diesem örtlichen System lassen sich bei den meisten Instrumenten alle eingemessenen Punkte sofort koordinatenmäßig anzeigen.
In unserem Fall soll die Messung jedoch gleich die Koordinaten im übergeordneten Landessystem (Gauß-Krüger) liefern.
Dazu werden in den Datenspeicher zunächst die bekannten Landeskoordinaten der beiden Anschlußpunkte A und E eingegeben, anschließend erfolgt die Anschlußmessung zu diesen beiden Punkten, wobei aus Gründen der Genauigkeit der Reflektor (Prisma) nicht frei Hand über den Punkten gehalten werden sollte, sondern bei Anschlußpunkten mittels Stativ aufgestellt wird.
Das Ergebnis dieser Messung sind zwei Datensätze, die jeweils aus den 3 Meßdaten »D« (Schrägentfernung), »Hz« (Horizontalrichtung r) und »V« (Zenitwinkel Z) bestehen; nach Anzeige erfolgt die automatische Abspeicherung der Datensätze.
Nun können mit dem im Feldcomputer fest installierten Anwenderprogramm »Stationierung auf unbekannten Punkt« die Standpunktkoordinaten (Punkt ST) einschließlich des Instrumentenhorizontes ausgegeben und abgespeichert werden (die Reflektorhöhe wurde als konstanter Wert vorher eingegeben).

Für die Berechnung sind mindestens 2 Anschlußpunkte erforderlich; stehen jedoch noch weitere Anschlußpunkte zur Verfügung, kann dadurch die Genauigkeit gesteigert werden, und es sind Fehlerkontrollen möglich. In diesem Fall führt das Programm auch die aufwendigen Ausgleichsberechnungen zur Fehlerverteilung mit durch.
Als nächster Schritt wird nun der Parkplatz, der Zaun (Punkte 1 bis 6) eingemessen und gegebenenfalls weitere Punkte zur Vervollständigung des Geländeaufmaßes; der Prismenstab kann jetzt von Hand gehalten werden.
Mit dem Anwenderprogramm »Polarpunkte« werden gleich nach Ablauf des Meßvorganges im Feldcomputer aus den gemessenen Schrägentfernungen, Horizontal- und Vertikalwinkeln die Koordinaten in das gewünschte Landeskoordinatensystem einschließlich der NN-Höhen umgerechnet und abgespeichert. Damit liegt sofort das fertige Endergebnis vor. Die *Abb. 5.2/13* zeigt das Originalprotokoll sämtlicher im Feldcomputer abgespeicherter Daten für dieses Beispiel.

Berechnung:
Um die Abläufe etwas transparenter zu machen, sollen die Zusammenhänge und einzelnen Rechenschritte hier nochmals »von Hand« dargestellt werden:

1. Ausgangswerte
a) *Bekannt:* Koordinaten der Punkte A und E (Landeskoordinaten)

Punkt	y	x	NN-Höhe
A	135,76	22,48	60,10
E	23,76	10,63	57,84

Aus Gründen der Übersichtlichkeit wurden von den 7-stelligen Gauß-Krüger-Koordinaten (vergl. Kap. 2.2.1) nur die letzten 3 Stellen dargestellt.

Die vollständigen Koordinaten lauten z. B. für Punkt A:

y = 3416 135,76

x = 5762 022,48

nicht dargestellt, da für alle Punkte in diesem Bereich gleich

b) *Meßdaten*
Vom freien Standpunkt ST wurde mit einem elektronischen Tachymeter gemessen:

Punkt	D (Schrägentfernung) [m]	Hz (Horizontalrichtung r) [gon]	V (Zenitwinkel Z) [gon]
A	76,851	132,6532	101,3669
E	82,096	232,9393	103,0332
1	49,224	62,1510	97,3350
2	70,148	76,9756	98,3935
3	78,777	65,4144	98,2623
4	60,867	49,3491	97,4368
5	56,606	32,8698	96,7146
6	67,337	330,6509	98,4683

Die Reflektorhöhe betrug einheitlich 1,30 m

2. Lageberechnung

a) *Polarkoordinaten im örtlichen System:*

(η, ξ-System, orientiert an der Nullrichtung des Horizontalteilkreises)

Dazu wird die gemessene Schrägentfernung D umgewandelt in die Horizontalentfernung E:

$$\mathbf{E = D \cdot \sin Z}$$

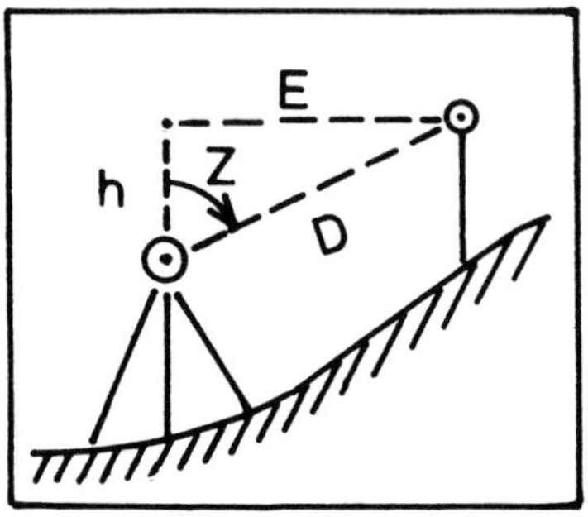

Für die spätere Höhenberechnung wird gleich der Höhenunterschied h (vom Instrument zum Prisma) mitberechnet:

$$\mathbf{h = D \cdot \cos Z}$$

Beispiel:
Berechnung für Punkt A:

$$\mathbf{E_A = D_A \cdot \sin Z_A}$$

$$= 76{,}851 \cdot \sin 101{,}3669 = 76{,}833 \text{ m}$$

$$\mathbf{h_A = D_A \cdot \cos Z_A}$$

$$= 76{,}851 \cdot \cos 101{,}3669 = -1{,}650 \text{ m}$$

(entsprechend für die weiteren Punkte)

Es ergeben sich folgende Datensätze:

Polarkoordinaten (örtliches System)

Punkt	E (Horizontal-entfernung) [m]	Hz (Horizontal-richtung r) [gon]	h (Höhenunterschied) [m]
A	76,833	132,6532	– 1,650
E	82,003	232,9393	– 3,910
1	49,181	62,1510	+ 2,060
2	70,126	76,9756	+ 1,770
3	78,748	65,4144	+ 2,150
4	60,818	49,3491	+ 2,450
5	56,531	32,8698	+ 2,920
6	67,318	330,6509	+ 1,620

(In dieser Form können die Datensätze bei einem elektronischen Tachymeter auch gleich angezeigt werden.)

b) *Rechtwinklige Koordinaten im örtlichen η, ξ-System:*
Die Umrechnung erfolgt mit

$$\eta = E \cdot \sin r$$

$$\xi = E \cdot \cos r$$

Beispiel: Berechnung für Punkt A:

$$\eta_A = E_A \cdot \sin r_A$$

$$= 76{,}833 \cdot \sin 132{,}6532 = 66{,}946 \text{ m}$$

$$\xi_A = E_A \cdot \cos r_A$$

$$= 76{,}833 \cdot \cos 132{,}6532 = -37{,}703 \text{ m}$$

(entsprechend für die weiteren Punkte)

Es ergeben sich folgende Datensätze:

Rechtwinkl. Koordinaten (örtliches System)			
Punkt	η	ξ	h
A	66,946	– 37,703	– 1,650
E	– 40,561	– 71,269	– 3,910
1	40,742	27,547	+ 2,060
2	65,589	24,813	+ 1,770
3	67,410	40,708	+ 2,150
4	42,563	43,442	+ 2,450
5	27,908	49,162	+ 2,920
6	– 59,665	31,173	+ 1,620

(In dieser Form können die Datensätze bei den meisten elektronischen Tachymetern ebenfalls gleich angezeigt werden.)

c) *Koordinatentransformation*
Für die Punkte A und E liegen nun die Koordinaten sowohl im »Quellsystem« (im System der Messung), d. h. im örtlichen η, ξ-System, als auch im »Zielsystem«, d. h. im Landessystem, vor. In diesen beiden Systemen sind A und E »identische Punkte«. Mit mindestens 2 solcher identischer Punkte kann die weitere Berechnung durchgeführt werden.

Berechnung des Drehwinkels:

	Quellsystem (örtliches System)		Zielsystem (Landessystem)	
	η	ξ	y	x
A	66,946	– 37,703	135,760	22,480
E	– 40,561	– 71,269	23,760	10,630
Koordinaten-unterschiede:	$\Delta\eta_{A,E} = -107{,}507$	$\Delta\xi_{A,E} = -33{,}566$	$\Delta y_{A,E} = -112{,}000$	$\Delta x_{A,E} = -11{,}850$
Richtungswinkel:	$\delta_{A,E} = \arctan \frac{\Delta\eta_{A,E}}{\Delta\xi_{A,E}}$		$t_{A,E} = \arctan \frac{\Delta y_{A,E}}{\Delta x_{A,E}}$	
(vergl. Kap. 3.5.3) (S. 54, 55)	$= \arctan \frac{-107{,}507}{-33{,}566}$		$= \arctan \frac{-112{,}000}{-11{,}850}$	
	$= 280{,}7339$ gon		$= 293{,}2893$ gon	

Der Drehwinkel des η, ξ-Systems gegenüber dem y, x-System ist

$$\varphi = t_{A,E} - \delta_{A,E}$$

$$\varphi = 293{,}2893 - 280{,}7339 = 12{,}5554 \text{ gon}$$

Maßstabsfaktor

Die Horizontalstrecke $s_{A,E}$ zwischen den beiden Punkten A und E läßt sich in jedem der beiden Koordinatensysteme aus den Koordinatenunterschieden berechnen (Pythagoras):

$$s_{A,E} = \sqrt{\Delta y^2_{A,E} + \Delta x^2_{A,E}}$$ **(Strecke aus Landeskoordinaten, d. h. vorh. Strecke)**

$$s_{A,E} = \sqrt{112{,}000^2 + 11{,}850^2} = 112{,}625 \text{ m}$$

$$\bar{s}_{A,E} = \sqrt{\Delta\eta^2_{A,E} + \Delta\xi^2_{A,E}}$$ **(Strecke im örtlichen System, d. h. aus der Messung resultierend)**

$$\bar{s}_{A,E} = \sqrt{107{,}507^2 + 33{,}566^2} = 112{,}625 \text{ m}$$

Das Verhältnis beider Werte wird als »Maßstabsfaktor q« bezeichnet

$$q = \frac{s_{A,E}}{\bar{s}_{A,E}}$$

$$q = \frac{112{,}625}{112{,}625} = 1{,}0$$

Der Maßstabsfaktor gibt Auskunft über die Genauigkeit der Messung; er darf nur wenig über oder unter 1,0 liegen, d. h. $q = 1{,}0 \triangleq$ keine Abweichung.
(Bei $q \neq 1$ geht der Maßstabsfaktor als Multiplikationskonstante in die weitere Berechnung ein, dadurch werden die beiden Koordinatensysteme in Übereinstimmung gebracht.)

Koordinaten des Instrumentenstandpunktes ST

Mit Hilfe des Drehwinkels φ lassen sich die Standpunktkoordinaten sowohl aus den örtlichen Polar- als auch Rechtwinkelkoordinaten berechnen:

Aus Polarkoordinaten:

$$y_{ST} = y_A - q \cdot E_A \cdot \sin(\varphi + r_A) \qquad \text{mit } q = 1{,}0$$

$$y_{ST} = 135{,}760 - 1{,}0 \cdot 76{,}833 \cdot \sin(12{,}5554 + 132{,}6532)$$
$$y_{ST} = 77{,}499$$

$$x_{ST} = x_A - q \cdot E_A \cdot \cos(\varphi + r_A)$$

$$x_{ST} = 22{,}48 - 1{,}0 \cdot 76{,}833 \cdot \cos(12{,}5554 + 132{,}6532)$$
$$x_{ST} = 72{,}570$$

Aus Rechtwinkelkoordinaten:

$$y_{ST} = y_A - q \cdot \xi_A \cdot \sin\varphi - q \cdot \eta_A \cdot \cos\varphi \qquad \text{mit } q = 1{,}0$$

$$y_{ST} = 135{,}760 - 1{,}0\,(-37{,}703 \cdot \sin 12{,}5554) - 1{,}0 \cdot 66{,}946 \cdot \cos 12{,}5554$$

$$y_{ST} = 77{,}499$$

$$\mathbf{x_{ST} = x_A - q \cdot \xi_A \cdot \cos\varphi + q \cdot \eta_A \cdot \sin\varphi}$$

$x_{ST} = 22{,}480 - 1{,}0\ (-37{,}703 \cdot \cos 12{,}5554) + 1{,}0 \cdot 66{,}946 \cdot \sin 12{,}5554$
$x_{ST} = 72{,}570$

Koordinaten der neu eingemessenen Punkte 1–6
Die gesuchten Landeskoordinaten der Punkte lassen sich nun ebenfalls aus den örtlichen Polarkoordinaten oder aus den örtlichen Rechtwinkelkoordinaten entsprechend berechnen:

Beispiel: Berechnung für Punkt 1

Aus Polarkoordinaten:

$$\mathbf{y_1 = y_{ST} + q \cdot E_1 \cdot \sin(\varphi + r_1)} \qquad \text{mit } q = 1{,}0$$

$y_1 = 77{,}499 + 1{,}0 \cdot 49{,}181 \cdot \sin(12{,}5554 + 62{,}151)$
$y_1 = 122{,}849$

$$\mathbf{x_1 = x_{ST} + q \cdot E_1 \cdot \cos(\varphi + r_1)}$$

$x_1 = 72{,}570 + 1{,}0 \cdot 49{,}181 \cdot \cos(12{,}5554 + 62{,}151)$
$x_1 = 91{,}60$

Aus Rechtwinkelkoordinaten:

$$\mathbf{y_1 = y_{ST} + q \cdot \xi_1 \cdot \sin\varphi + q \cdot \eta_1 \cdot \cos\varphi} \qquad \text{mit } q = 1{,}0$$

$y_1 = 77{,}499 + 1{,}0 \cdot 27{,}547 \cdot \sin 12{,}5554 + 1{,}0 \cdot 40{,}742 \cdot \cos 12{,}5554$
$y_1 = 122{,}849$

$$\mathbf{x_1 = x_{ST} + q \cdot \xi_1 \cdot \cos\varphi - q \cdot \eta_1 \cdot \sin\varphi}$$

$x_1 = 72{,}570 + 1{,}0 \cdot 27{,}547 \cdot \cos 12{,}5554 - 1{,}0 \cdot 40{,}742 \cdot \sin 12{,}5554$
$x_1 = 91{,}60$

(entsprechend für die weiteren Punkte)

3. Höhenberechnung
a) *Instrumentenhorizont IH*
Zur Berechnung des Instrumentenhorizontes genügt 1 bekannter Höhenpunkt, z. B. Punkt A. Bei weiteren Höhenanschlußpunkten ergibt sich eine Kontrollmöglichkeit, bei Abweichungen kann ein Ausgleich vorgenommen werden.

$$\mathbf{IH = H_A + t + h_A}$$

$IH = 60{,}10 + 1{,}30 + 1{,}650$

$IH = 63{,}05$ m ü. NN

H_A = NN-Höhe Punkt A
t = Höhe des Prismenstabes
h_A = Höhenunterschied
mit + h für Zenitwinkel > 100 gon
– h für Zenitwinkel < 100 gon

oder:

$$IH = H_E + t + h_E$$

$IH = 57{,}84 + 1{,}30 + 3{,}910$
$IH = 63{,}05$ m ü. NN (Höhenausgleich hier nicht erforderlich!)

b) *NN-Höhen der neu eingemessenen Punkte 1–6*
Die Höhe ergibt sich nach *Abb. 5.2/6 (Seite* 105)
Beispiel: Berechnung für Punkt 1

$$H_1 = JH + h_1 - t$$

mit + h für Zenitwinkel < 100 gon
– h für Zenitwinkel > 100 gon

$H_1 = 63{,}05 + 2{,}060 - 1{,}30$
H1 = 63,81 m ü. NN

(entsprechend für die weiteren Punkte)

4. Zusammenstellung der gesuchten Koordinaten und Höhen

Punkt	Landessystem (Gauß-Krüger) y	x	Höhe ü. NN
A	135,760	22,480	60,10
E	23,760	10,630	57,84
1	122,849	91,600	63,81
2	146,679	84,050	63,52
3	151,578	99,280	63,90
4	127,749	106,830	64,20
5	114,499	115,310	64,67
6	25,099	114,829	63,37

6 Abrechnungsaufmaße und Mengenermittlungen

Bei allen Baumaßnahmen müssen die ausgeführten Bauleistungen erfaßt und abgerechnet werden. Für viele Landschaftsbaubetriebe oder bauleitende Stellen liegt eine Hauptanwendung der Vermessungstechnik auf diesem Gebiet.
Im »geodätischen Sinn« stellen diese Meßarbeiten einen Sonderfall dar, weil sie nicht auf eine genaue »Abbildung der Erdoberfläche«, d. h. auf eine Lageplanerstellung hinauslaufen, sondern auf die Zusammenstellung und Ermittlung der Massen (Mengen) für die Abrechnung. Häufig gehören jedoch auch Bestandspläne, Profildarstellungen usw. zu diesem Aufgabenbereich.
Nach Fertigstellung einer Baumaßnahme muß entsprechend den einzelnen Positionen des Leistungsverzeichnisses die vom Ausführungsbetrieb tatsächlich ausgeführte Menge ermittelt werden. Dazu wird ein Aufmaß durchgeführt (gegebenenfalls gemeinsam mit dem Auftraggeber) und aus den so erhaltenen Meßdaten die Gesamtmenge ermittelt. Die Meßwerte und die Berechnungen müssen dabei so aufgestellt werden, daß sie übersichtlich und leicht nachzuprüfen sind.
In vielen Fällen ist ein Endaufmaß nach Abschluß der Bauarbeiten allein nicht ausreichend, da die Ausgangssituation (z. B. das vorhandene Gelände) dann nicht mehr feststellbar ist. Aus diesem Grund sind Vor- und Zwischenaufmaße in der Regel unumgänglich.

6.1 Flächenermittlungen

Im Landschaftsbau kommen Flächenermittlungen häufig beim Aufmaß von Verkehrsflächen (Wegebau) oder bei Vegetationsflächen vor.
Am Beispiel einer unregelmäßigen Pflasterfläche aus Betonstein *(Abb. 6.1/1)* sollen hier unterschiedliche Verfahrensweisen des Flächenaufmaßes und der Flächenberechnung dargestellt werden.

6.1.1 Zerlegen in geometrische Figuren

Eine der am meisten angewandten Methoden besteht darin, die aufzumessende Fläche schon während des Aufmaßes in geometrische Grundfiguren *(Abb. 6.1/2)* zu zerlegen und entsprechend aufzumessen.
Nach diesem Verfahren wird gerne vorgegangen, weil der Meßaufwand gering ist und meist nur ein Bandmaß benötigt wird. Bei größeren Flächen erleichtern Kreidemarkierungen das Unterteilen der Fläche.
Die einzelnen Teilflächen werden später einzeln berechnet und addiert *(Abb. 6.1/3; Tab. 6.1/1)*.

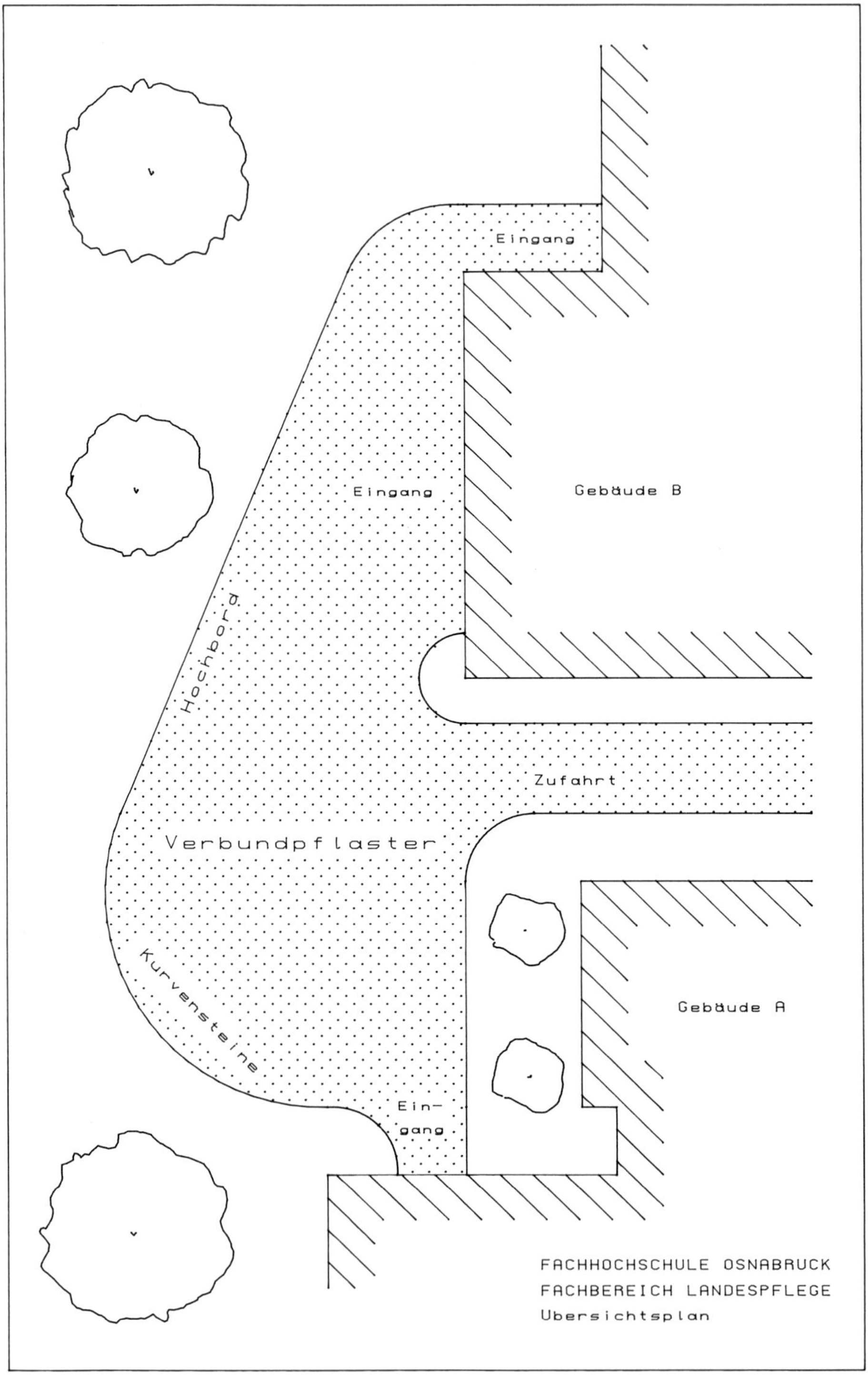

Abb. 6.1/1: Wirtschaftshof, Übersichtsplan (CAD-Bild)

Tab. 6.1/1. Zusammenstellung der Teilflächen

Nr.	Art der Teilfläche	Berechnung	Größe (m^2)	Abzug (m^2)
1	Trapez	$(3,0 + 6,0) \cdot 0,5 \cdot 3,0$	13,50	
2	Segment	$2/3 \cdot 4,25 \cdot 1,0$		2,83
3	allg.	$s = (8,40 + 9,50 + 15,85) \cdot 0,5 = 16,875$		
	Dreieck	$F = \sqrt{s \cdot (s - 8,40)\,(s - 9,50)\,(s - 15,85)}$	32,88	
4	Segment	$2/3 \cdot 8,40 \cdot 0,95$	5,32	
5	Segment	$2/3 \cdot 9,50 \cdot 1,20$	7,60	
6	Trapez	$(6,0 + 15,0) \cdot 0,5 \cdot 13,0$	136,50	
7	Trapez	$(15,0 + 4,9) \cdot 0,5 \cdot 24,0$	238,80	
8	Halbkreis	$\pi \cdot 2,0^2 \cdot 0,5$		6,28
9	Trapez	$(7,0 + 4,0) \cdot 0,5 \cdot 3,0$	16,50	
10	Segment	$2/3 \cdot 4,25 \cdot 0,95$		2,69
11	Rechteck	$12,0 \cdot 4,0$	48,00	
12	rechtw. Dreieck	$4,65 \cdot 3,0 \cdot 0,5$	6,98	
13	Segment	$2/3 \cdot 5,53 \cdot 0,90$	3,32	
14	Rechteck	$6,25 \cdot 3,0$	18,75	
			$\Sigma = 528,15$	$\Sigma = 11,80$
			$F = 528,15 - 11,80$	
			$F = 516,35\ m^2$	

Die Genauigkeit der ermittelten Flächengröße entspricht auch bei Verwendung von Näherungsformeln im allgemeinen den gestellten Anforderungen. Der auf diese Weise erstellte Lageplan (Bestandsplan) ist in den meisten Fällen jedoch nicht zufriedenstellend, da sich durch das Aneinanderreihen der Einzelflächen auch kleinste Abweichungen sehr schnell summieren und so häufig ein verzerrtes Gesamtbild entsteht.
Bei sehr unregelmäßigen Flächen oder geschwungenen Formen ist dieses Verfahren weniger geeignet.

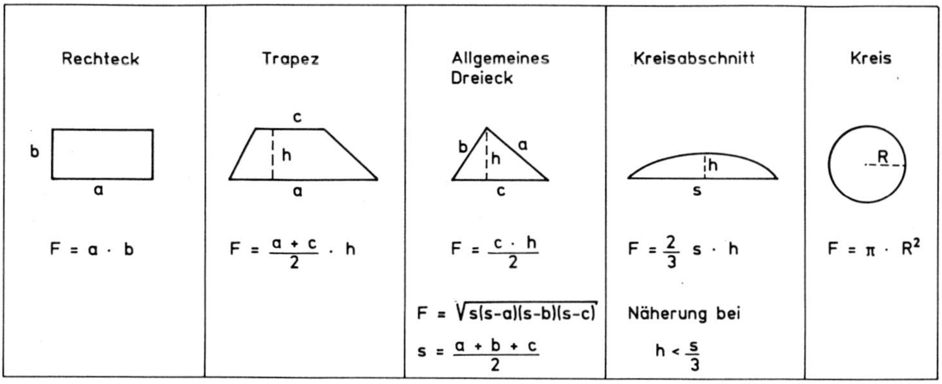

Abb. 6.1/2: Flächenformeln

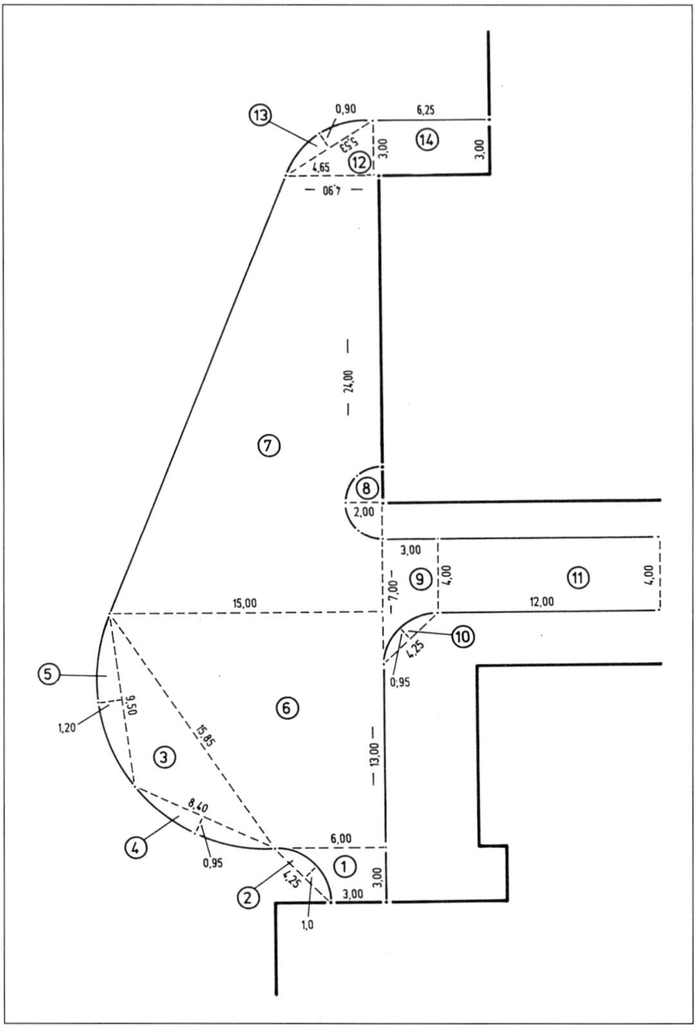

Abb. 6.1/3: Zerlegen in geometrische Grundfiguren

Für die Flächenermittlung nach dieser Vorgehensweise stehen heute EDV-Programme von verschiedenen Herstellern (Bereich Ausschreibung, Vergabe, Abrechnung – AVA) zur Verfügung, bei denen die nach *Abb. 6.1/3* gemessenen Werte jeweils direkt eingegeben werden können. Die Auswertung und Ausgabe erfolgt dann in übersichtlicher, prüfbarer Form.

6.1.2 Rechtwinkliges Flächenaufmaß

Wird das Aufmaß streng rechtwinklig mit Hilfe eines Winkelprismas durchgeführt (siehe 3.6.3), so liefert diese Methode sofort die Koordinaten der Aufnahmepunkte in einem örtlichen, ebenen Koordinatensystem *(Abb. 6.1/4; Tab. 6.1/2).*

Tab. 6.1/2. Koordinatenverzeichnis für ein rechtwinkliges Aufmaß

Punktnr.	Y-Rechts	X-Hoch	Punktnr.	Y-Rechts	X-Hoch
1	3,000	0,000	13	6,000	40,000
2	2,200	2,200	14	6,000	24,000
3	0,000	3,000	15	4,700	23,400
4	– 4,400	3,900	16	4,000	22,000
5	– 7,700	6,500	17	4,700	20,500
6	– 9,600	11,200	18	6,000	20,000
7	– 9,000	16,000	19	21,000	20,000
8	1,100	40,000	20	21,000	16,000
9	2,900	42,100	21	9,000	16,000
10	5,750	43,000	22	6,900	15,600
11	12,000	43,000	23	6,000	13,000
12	12,000	40,000	24	6,000	0,000

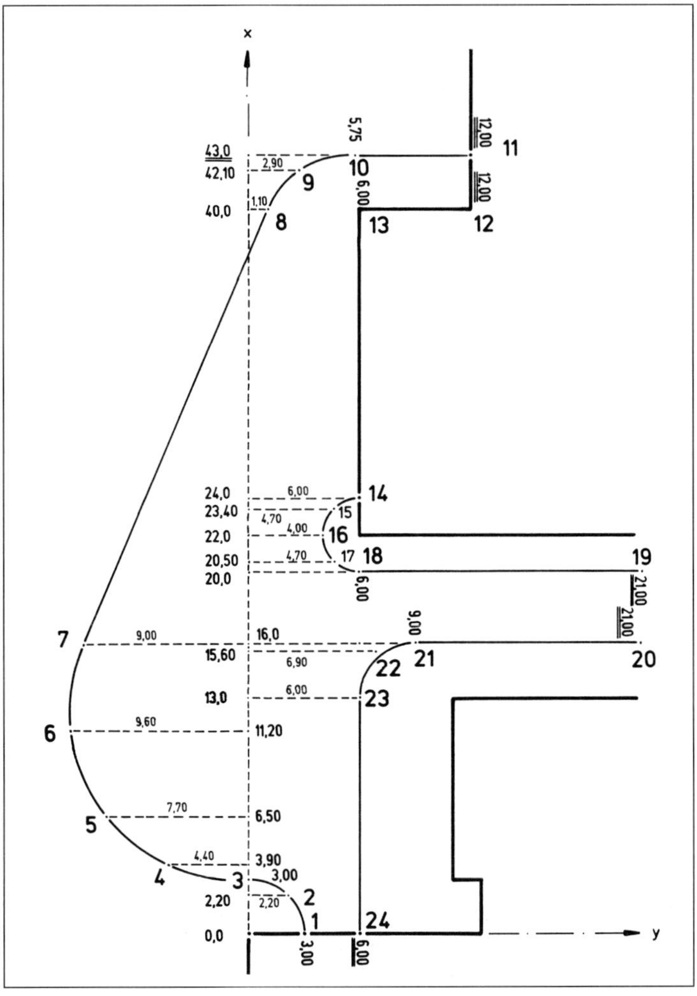

Abb. 6.1/4: Rechtwinkliges Aufmaß (Koordinatenaufmaß)

Gekrümmte Linien (z. B. Bordsteineinfassungen) werden dabei zwischen 2 Meßpunkten als Gerade aufgefaßt; d. h., hier können sich in Abhängigkeit vom Abstand der Meßpunkte Mehr- oder Mindermengen ergeben. Aus Gründen der Übersichtlichkeit wurden bei dem hier dargestellten Beispiel in den Krümmungen sehr weite Punktabstände gewählt, was insbesondere im Bereich der Punkte 4 bis 7 zu Mindermengen und damit zu einer geringeren Gesamtfläche führt.

Pkt.	$x_i \cdot y_{i+1}$ (+)	y	x	$x_i \cdot y_{i-1}$ (–)
1		3,00	0,00	
2	0,00	2,20	2,20	6,60
3	0,00	0,00	3,00	6,60
4	– 13,20	– 4,40	3,90	0,00
5	– 30,03	– 7,70	6,50	– 28,60
6	– 62,40	– 9,60	11,20	– 86,24
7	– 100,80	– 9,00	16,00	– 153,60
8	17,60	1,10	40,00	– 360,00
9	116,00	2,90	42,10	46,31
10	242,075	5,75	43,00	124,70
11	516,00	12,00	43,00	247,25
12	516,00	12,00	40,00	480,00
13	240,00	6,00	40,00	480,00
14	240,00	6,00	24,00	144,00
15	112,80	4,70	23,40	140,40
16	93,60	4,00	22,00	103,40
17	103,40	4,70	20,50	82,00
18	123,00	6,00	20,00	94,00
19	420,00	21,00	20,00	120,00
20	420,00	21,00	16,00	336,00
21	144,00	9,00	16,00	336,00
22	110,40	6,90	15,60	140,40
23	93,60	6,00	13,00	89,70
24	78,00	6,00	0,00	0,00
1	0,00	3,00	0,00	0,00
	$\Sigma = 3.380{,}045$			$\Sigma = 2.348{,}92$

$2F = 3.380{,}045 - 2.348{,}92$

$F = 515{,}563\ m^2$

Flächenberechnung nach Elling

► **Berechnung der Fläche**

a) Die Gesamtfläche läßt sich aus einzelnen Dreiecken und Trapezen berechnen.

b) Sehr verbreitet ist das Verfahren nach Elling: Sobald die Koordinaten von Punkten in einem ebenen System bekannt sind, läßt sich jede beliebige aus diesen Punkten gebildete Fläche berechnen. Dabei wird die Reihenfolge der Eckpunkte im Uhrzeigersinn festgelegt.

Die Berechnung erfolgt nach der Gaußschen Flächenformel:

$$2\,F = \sum_{i=1}^{i=n} y_i\,(x_{i-1} - x_{i+1})$$

$$2\,F = \sum_{i=1}^{i=n} x_i\,(y_{i+1} - y_{i-1})$$

Durch das auf Seite 124 gegebene Rechenschema läßt sich die Formel auswerten.

Die Berechnung nach Elling »von Hand« ist heute jedoch nicht mehr zeitgemäß, da schon mit Hilfe eines einfachen EDV-Programms (hierzu genügt schon ein programmierbarer Taschenrechner) der Rechenweg durchgeführt werden kann.

Flächenberechnungen aus Koordinaten werden sowohl bei horizontalen Flächen (Lageplan) als auch bei vertikalen Flächen (Schnitte, Profile) durchgeführt.

6.1.3 Polaraufmaß (Elektrooptisches Aufmaß)

Durch elektrooptische Instrumente und EDV-Auswertung gewinnt das Polaraufmaß auch bei Abrechnungen zunehmend an Bedeutung. Um die Abläufe dabei nochmals zu verdeutlichen und transparent zu machen, wäre es auch vorstellbar, die gleichen Arbeitsschritte mit einem Nivellier mit Teilkreis und einem Bandmaß nachzuvollziehen.

a) Aufmaß. Das Instrument wird an zentraler Stelle aufgestellt, der Standpunkt bildet den Nullpunkt des Koordinatensystems. Die x-Richtung wird durch Nullstellung des Teilkreises festgelegt. Danach werden die Punkte durch Richtung (Horizontalwinkel) und Strecke (Horizontalentfernung) aufgemessen *(Abb. 6.1/5; Tab. 6.1/3).*

Bei diesem Beispiel wurden die gleichen Punkte erfaßt wie beim rechtwinkligen Aufmaß (6.1.2); auch hier gilt, daß in den Krümmungen der Punktabstand zu weit ist, was in diesem Fall zu Mindermengen führt. Da durch den Einsatz elektronischer Geräte und Verfahren gerade die Verarbeitung größerer Punkt- bzw. Datenmengen maßgeblich erleichtert wird, würde ein realistischer Abstand der Aufnahmepunkte bei gekrümmten Bordsteinlinien im Bereich von 1 m liegen.

Tab. 6.1/3. Polaraufmaß – Meßdaten

Pkt.	Horizontalwinkel φ (Richtung) (gon)	Horizontalstrecke s (m)	Pkt.	Horizontalwinkel φ (Richtung) (gon)	Horizontalstrecke s (m)
1	173,978	20,379	13	30,584	24,019
2	173,482	18,043	14	71,641	12,300
3	180,005	16,508	15	71,531	10,869
4	196,991	14,817	16	77,853	9,680
5	213,367	12,474	17	88,436	9,964
6	234,404	8,746	18	92,578	11,176
7	261,450	4,743	19	96,832	26,132
8	18,032	22,184	20	106,562	26,239
9	20,972	24,730	21	112,045	14,356
10	26,734	26,612	22	116,094	12,394
11	–*	–*	23	130,201	12,478
12	–*	–*	24	165,897	21,746

*Punkt 11 u. 12 sind von dem Standpunkt aus verdeckt

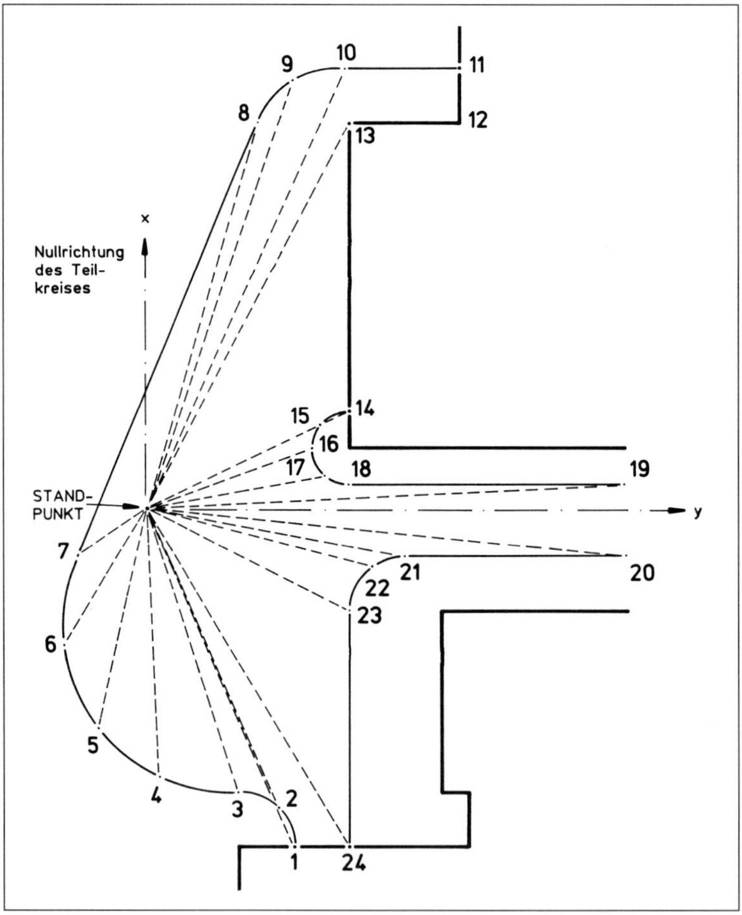

Abb. 6.1/5: Polaraufmaß

b) Umrechnung in rechtwinklige Koordinaten. Aus den Meßdaten ergeben sich mit

$$y = s \cdot \sin \varphi$$

$$x = s \cdot \cos \varphi$$

die rechtwinkligen Koordinaten in *Tab. 6.1/4.* Dabei handelt es sich um ein örtliches Koordinatensystem, das mit der Wahl des Standpunktes und der Nullrichtung des Teilkreises festgelegt wurde.

Tab. 6.1/4. Polaraufmaß – Koordinaten aus Meßdaten

Punktnr.	Y-Rechts	X-Hoch	Punktnr.	Y-Rechts	X-Hoch
1	8,100	– 18,700	13	11,100	21,300
2	7,300	– 16,500	14	11,100	5,300
3	5,100	– 15,700	15	9,800	4,700
4	0,700	– 14,800	16	9,100	3,300
5	– 2,600	– 12,200	17	9,800	1,800
6	– 4,500	– 7,500	18	11,100	1,300
7	– 3,900	– 2,700	19	26,100	1,300
8	6,200	21,300	20	26,100	– 2,700
9	8,000	23,400	21	14,100	– 2,700
10	10,850	24,300	22	12,000	– 3,100
11			23	11,100	– 5,700
12			24	11,100	– 18,700
				F = 497,188 m²	(Elling)
				+ 18,375 m²	(Restfläche, Bandmaßmessung)
				F = 515,563 m²	

c) Flächenberechnung. Aus den rechtwinkligen Koordinaten ergibt sich entsprechend 6.1.2 nach der Gaußschen Flächenformel die Fläche wie in *Tab. 6.1/4* ermittelt.
Da bei diesem Beispiel die Punkte 11 und 12 durch das Gebäude verdeckt sind und vom gewählten Instrumentenstandpunkt nicht angezielt werden konnten, muß die Restfläche von 18,375 m² addiert werden. Sie wurde in diesem Fall durch eine zusätzliche Bandmaßmessung ermittelt, was bei 2 Punkten weniger aufwendig ist als eine neue Instrumentenaufstellung.
Bei größeren anschließenden Flächen müßte das Instrument jedoch auf einen neuen Standpunkt umgestellt werden. Danach wären die zu ermittelnden Koordinaten vom 2. Standpunkt in das System des 1. Standpunktes zu transformieren.
Mit modernen elektronischen Tachymetern (s. 5.2.2) lassen sich auch bei mehrfachem Standpunktwechsel schon während der Messung die Koordinaten im Ursprungssystem ermitteln (freie Stationierung, siehe 5.2.4).
Um negative Koordinatenwerte zu vermeiden, empfiehlt es sich, die Standpunktkoordinaten nicht mit y = 0; x = 0, sondern z. B. mit y = 500; x = 500 festzulegen.

6.1.4 Berücksichtigung der Geländeneigung bei Flächenaufmaßen

Im Gegensatz zu geodätischen Lagemessungen, bei denen immer eine Projektion in die Horizontalebene erfolgt, werden bei Abrechnungsaufmaßen im Landschaftsbau die wahren Flächen (Abwicklungen) ermittelt, um die wirklich ausgeführten Bauleistungen abrechnen zu können.

Tab. 6.1/5. Zuschläge bei geneigten Flächen
(Entnommen aus: H. Nimman, Flächen- und Erdmassenberechnungen im Garten- und Landschaftsbau, 2. Aufl. 1980, Berlin, Hamburg: Paul Parey)

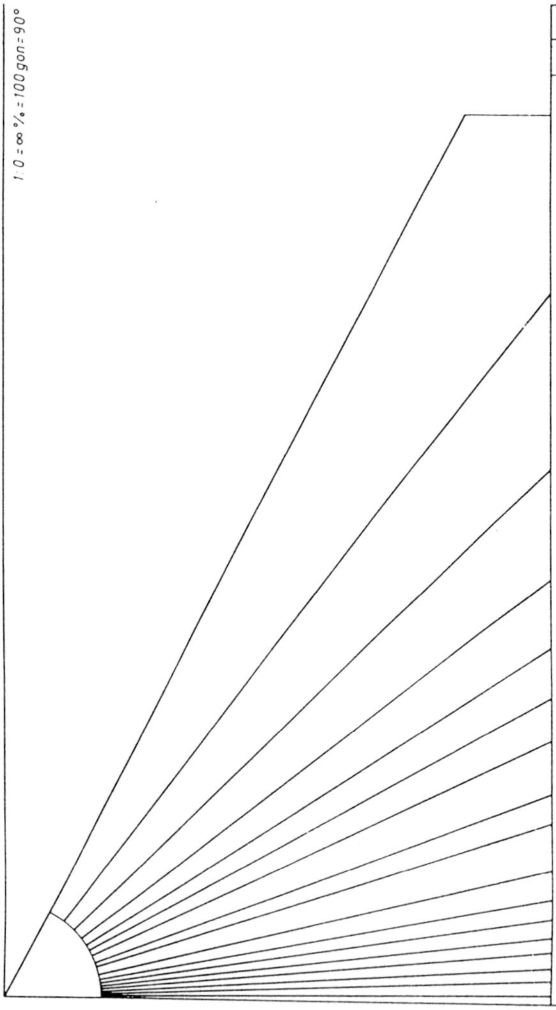

Böschungsneigung in				Zuschlag	
1:n	%	Neugrad	Altgrad	%	Koeffizient
1:0,5	200	70,48	63°48'	123,61	2,2361
$n = \cot\beta$	$100 \cdot \tan\beta$			$100\sqrt{1+\frac{1}{n^2}}-100$	$\sqrt{1+\frac{1}{n^2}}$
1:0,75	133,3	59,03	53°08'	66,67	1,6667
					$\sqrt{1+\frac{1}{(\cot\beta)^2}}$
1:1	100	50,00	45°00'	41,42	1,4142
1:1,25	80	42,95	38°39'	28,06	1,2806
1:1,5	66,7	37,43	33°41'	20,19	1,2019
1:1,75	57,1	33,05	29°45'	15,18	1,1518
1:2	50	29,52	26°34'	11,80	1,1180
1:2,5	40	24,22	21°48'	7,70	1,0770
1:3	33,3	20,48	18°26'	5,41	1,0541
1:4	25	15,59	14°02'	3,08	1,0308
1:5	20	12,57	11°19'	1,98	1,0198
1:6	16,7	10,52	9°28'	1,38	1,0138
1:8	12,5	7,92	7°08	0,78	1,0078
1:10	10	6,34	5°42'	0,50	1,0050
1:15	6,7	4,24	3°49	0,22	1,0022
1:20	5	3,18	2°52'	0,12	1,0012
1:50	2	1,27	1°09'	0,02	1,0002

1 ∞ = 0 % = 0 gon = 0° ≙ 0 % Zuschlag = 1,0000 Zuschlagskoeffizient

Bei geringen Neigungen (bis ca. 5 %) fallen die Abweichungen kaum ins Gewicht, bei stärkeren Neigungen (z. B. Böschungsflächen) ergeben sich dagegen deutliche Unterschiede.
Bei Abrechnungen wird die Flächenneigung in der Regel durch einen Zuschlag *(Tab. 6.1/5)* berücksichtigt.

6.1.5 Prüfbarkeit elektrooptischer Aufmaße

Abrechnungsaufmaße werden üblicherweise als gemeinsames Aufmaß von Auftragnehmer und Auftraggeber durchgeführt. Damit kann jedes Maß schon während des Aufmaßes überprüft werden und ist in der Mengenberechnung wiederzufinden.
Beim Einsatz moderner elektronischer Verfahren mit automatischer Datenregistrierung, die außerdem zumeist von Spezialbüros durchgeführt werden, ist eine Überprüfung während des Aufmaßes kaum zu realisieren. Dennoch bestehen hier gute Prüfmöglichkeiten.

▶ **Beispiel:** Ein Prüfer möchte eine vorliegende Abrechnung (Polaraufmaß 6.1.3) durch Stichproben prüfen. Er wählt dazu 2 (oder mehr) markante Punkte aus, die »draußen«

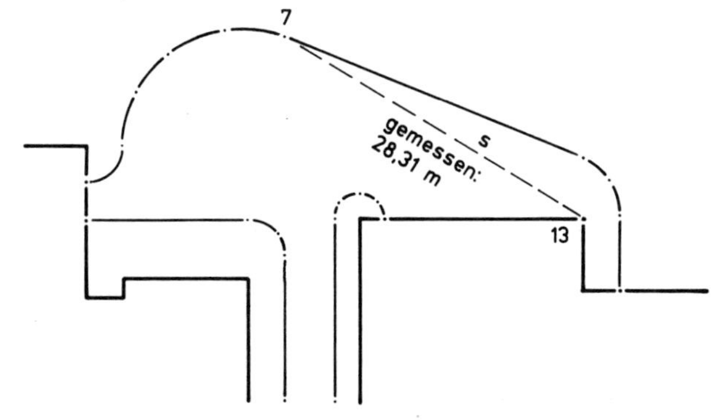

KOORDINATEN : (aus Tab. 6.1/4)

	y	x
Punkt 7	-3,90	-2,70
Punkt 13	+11,10	+21,30
	Δ_y =15,00	Δ_x =24,00

Strecke $s = \sqrt{\Delta y^2 + \Delta x^2}$ (Pythagoras)

s = 28,302

s gemessen : 28,31 m
s gerechnet : 28,302 m

Abb. 6.1/6: Prüfmaß

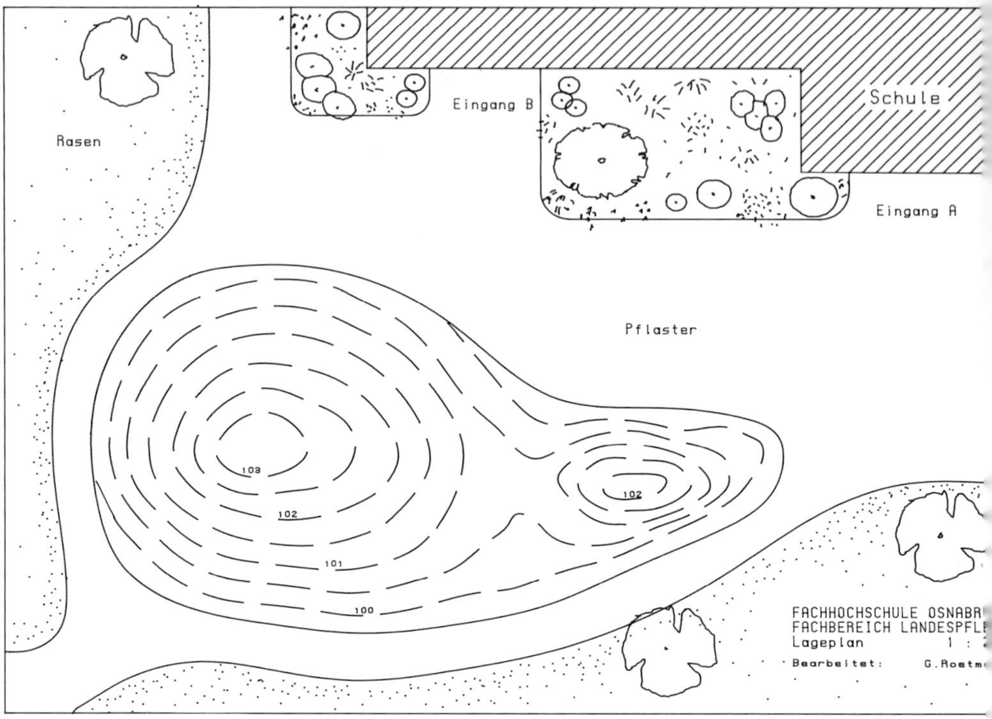

Abb. 6.2/1: Erdhügel, Übersichtsplan (CAD-Bild)

jederzeit leicht zu finden sind, z. B. Punkt 7 (Bogenende, d. h. Übergang Kurvenstein – gerader Stein beim Bordstein) und Punkt 13 (Hausecke). Er begibt sich auf die Baustelle und läßt den Abstand dieser beiden Punkte mit dem Bandmaß messen. Danach sucht er die Koordinaten der beiden Punkte im Koordinatenverzeichnis, bildet die Koordinatenunterschiede und errechnet daraus (Pythagoras) die Entfernung *(Abb. 6.1/6)*. Bei korrektem Abrechnungsaufmaß muß das Ergebnis mit der Bandmaßmessung übereinstimmen.

6.2 Volumenermittlungen (Erdmassen)

Erdarbeiten, bei denen Bodenmassen bewegt oder verändert werden (Auf- und Abtrag), fallen bei vielen Projekten an. Dabei kommen gerade im Landschaftsbau oft unregelmäßige Erdkörper (Erdmodellierung, Aufschüttungen) zur Ausführung, die schwieriger zu erfassen sind als regelmäßige Formen.
Am Beispiel solch eines künstlich aufgeschütteten Erdhügels *(Abb. 6.2/1)* sollen hier die drei am häufigsten angewandten Methoden dargestellt und hinsichtlich ihrer Ergebnisse verglichen werden.
Als Ursprungsgelände (Urgelände) soll aus Anschaulichkeitsgründen bei diesem Beispiel die Fläche zugrunde gelegt werden, die durch den begrenzenden Weg (Rand des Hügels) gebildet wird. In der Praxis ist hierfür jedoch meistens ein gesondertes Voraufmaß durchzuführen.

6.2.1 Profilmethode

Bei diesem Verfahren, das in vielen Fällen zur Anwendung kommt, wird der Erdkörper entlang einer Bezugsachse (Längsprofil) durch senkrecht dazu stehende Querprofile »zerschnitten«. Diese Querprofile können gleiche oder ungleiche Abstände haben. Zwischen 2 Profilen ergibt sich das Volumen aus der gemittelten Fläche der beiden Profile, multipliziert mit dem Abstand *(Abb. 6.2/2).*
Mathematisch stellt die Formel eine Näherung dar; besonders bei ungleichmäßigen Profilen wird das Volumen nur »annähernd« erfaßt.

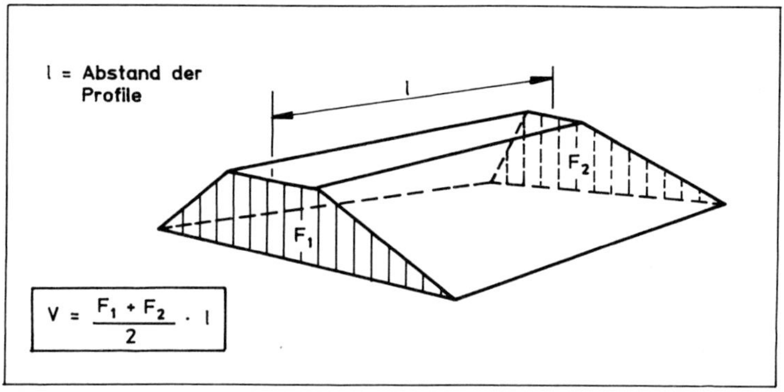

Abb. 6.2/2: Erdmasse zwischen zwei Profilen

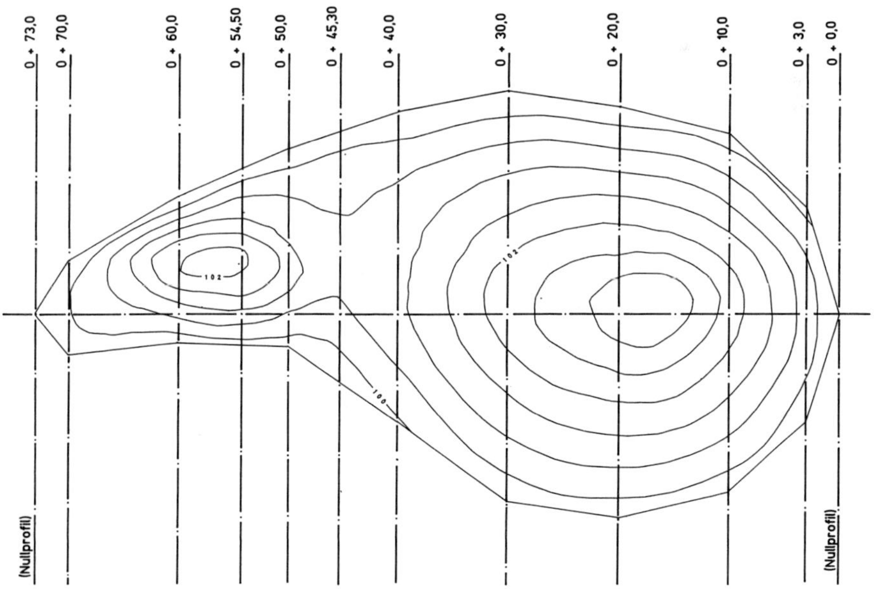

Abb. 6.2/3: Lage der Profile

Das Verfahren wird dennoch gerne angewandt, weil der Meßaufwand in den meisten Fällen in einem vertretbaren Verhältnis zur erzielten Genauigkeit steht und diese Genauigkeit den praktischen Anforderungen bei der Abrechnung von Baumaßnahmen meist genügt.
Durch gleichen und dichteren Profilabstand sowie durch eine mathematisch aufwendigere Berechnungsweise (Simpson-Regel) läßt sich die Genauigkeit des Ergebnisses bis zu einem gewissen Grad noch steigern; die bestehenden Vorschriften lassen jedoch die vereinfachte Formel zu, selbst wenn eines der Profile ein »Nullprofil« ist oder »zu einem Punkt entartet ist« (REB), d. h. am Anfang oder Ende des Erdkörpers steht.

Tab. 6.2/1: Zusammenstellung der Profildaten

Profil 0 + 0,0*		Profil 0 + 3,0		Profil 0 + 10,0	
Abstand y	Höhe z	Abstand y	Höhe z	Abstand y	Höhe z
0,00	100,0	– 10,00	100,13	– 16,50	100,20
		0,00	100,67	– 10,00	101,18
		+ 10,00	99,86	0,00	102,23
				+ 10,00	101,03
				+ 17,00	99,70

Profil 0 + 20,0		Profil 0 + 30,0		Profil 0 + 40,0	
Abstand y	Höhe z	Abstand y	Höhe z	Abstand y	Höhe z
– 19,00	100,19	– 17,50	100,12	– 10,0	99,95
– 10,00	101,69	– 10,00	101,12	0,0	100,83
0,0	103,21	0,00	102,24	+ 10,0	100,63
+ 1,20	103,23	+ 10,00	101,38	+ 19,0	99,51
+ 10,00	101,68	+ 21,00	99,53		
+ 19,50	99,61				

Profil 0 + 45,30		Profil 0 + 50,0		Profil 0 + 54,50	
Abstand y	Höhe z	Abstand y	Höhe z	Abstand y	Höhe z
– 6,30	99,75	– 3,00	99,79	– 2,80	99,76
0,00	100,42	0,00	100,38	0,00	100,79
+ 4,00	100,56	+ 4,10	101,30	+ 4,70	102,10
+ 10,50	100,40	+ 10,00	100,62	+ 9,80	101,00
+ 15,25	100,00	+ 15,50	99,52	+ 13,50	99,53
+ 17,15	99,51				

Profil 0 + 60,0		Profil 0 + 70,0		Profil 0 + 73,0*	
Abstand y	Höhe z	Abstand y	Höhe z	Abstand y	Höhe z
– 2,70	99,74	– 3,80	99,71	0,00	99,63
0,00	100,58	0,0	99,95		
+ 4,00	101,90	+ 5,0	99,57		
+ 11,00	99,53				

* Nullprofil

Die Profilmethode ist geeignet für langgestreckte Erdkörper mit möglichst gleichmäßigen Querprofilen, wie sie z. B. im Straßen- und Wegebau vorkommen. Weniger geeignet ist die Methode bei unregelmäßigen Erdkörpern, bei deren Berechnung Abweichungen bis zu einer Größenordnung von 5 % und mehr von dem tatsächlichen Volumen auftreten können.

► **Berechnung nach der Profilmethode**

a) Lage der Querprofile. Es wurde mit 10 Profilen (+ 2 Nullprofile) ein verhältnismäßig hoher Meßaufwand zugrunde gelegt. Die Profile verlaufen durch die wichtigsten Geländebrechpunkte (d. h. dort, wo sich die Form lagemäßig oder höhenmäßig verändert); der Profilabstand ist ungleichmäßig *(Abb. 6.2/3)*.

b) Aufmaß und Darstellung der Profile. Die Durchführung des Aufmaßes erfolgt wie unter 4.3.3 beschrieben; eine Zusammenstellung der Meßergebnisse (Profildaten) zeigt *Tab. 6.2/1*.

Die Darstellung der Querprofile erfolgt beispielhaft entsprechend Profil 0 + 20 *(Ab[illegible])*.

Die Berechnung des Flächeninhaltes der Profile kann nach dem Verfahren von Elling (s. 6.1.2) durchgeführt werden; sie erfolgt beispielhaft entsprechend Profil 0 + 20.

Tab. 6.2/2. Berechnung des Flächeninhaltes nach Gauß-Elling für Profil 0 + 20

Produkt +	Abstand y	Höhe z	Produkt −
	−19,00	100,19	
− 1.001,90	− 10,00	101,69	− 1.932,11
0,00	0,00	103,21	− 1.032,10
+ 123,852	+ 1,20	103,23	0,0
+ 1.032,30	+ 10,00	101,68	+ 122,016
+ 1.982,76	+ 19,50	99,61	+ 996,10
− 1.892,59	− 19,00	100,19	+ 1.953,705
Σ = + 244,422			Σ= + 107,611

2 F= 244,422 – 107,61 = 136,811

F = 68,406 m²

c) Die Massenermittlung aus Profilen zeigt *Tab. 6.2/3* (Seite 135).

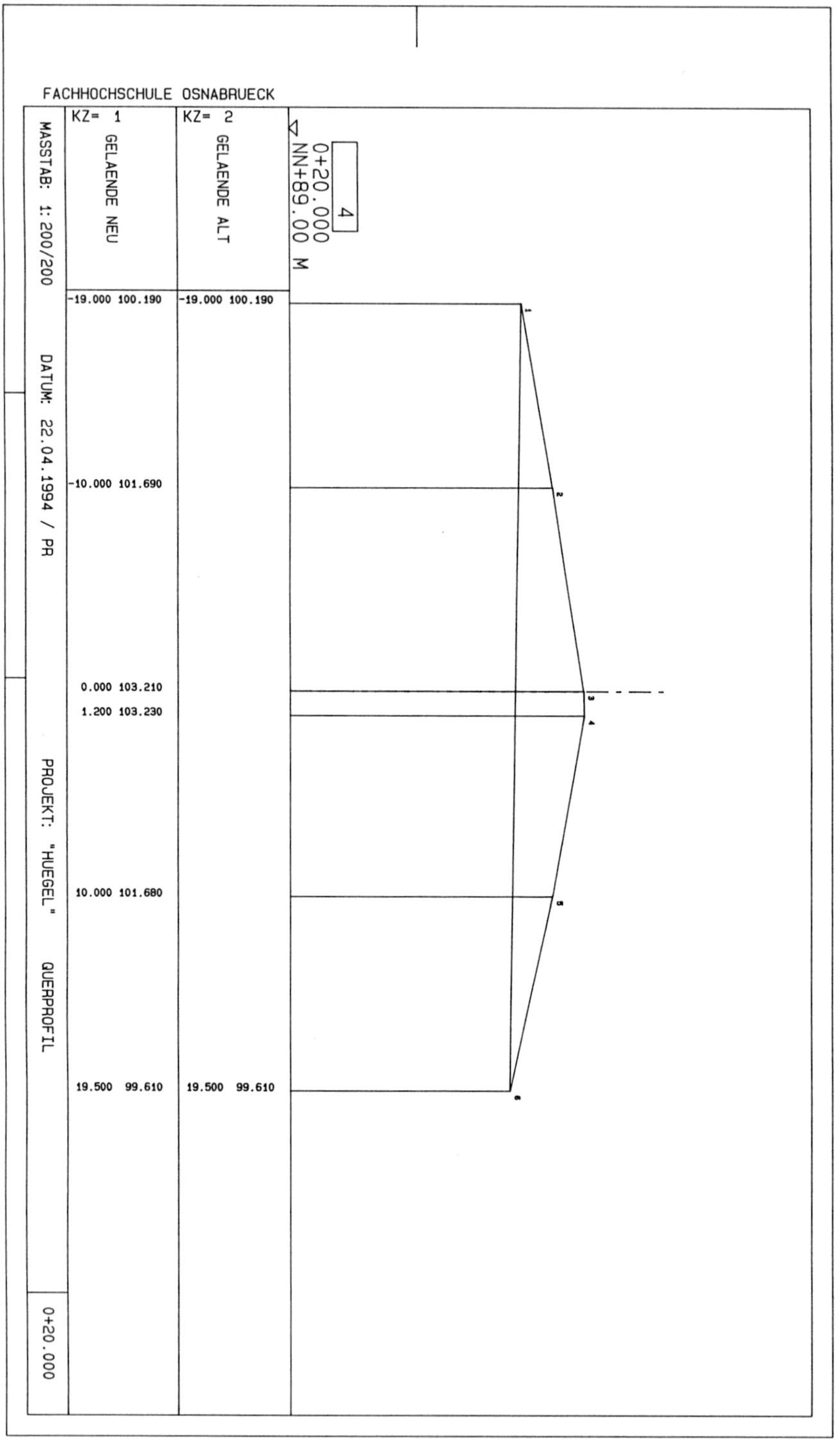

Abb. 6.2/4: Darstellung eines Querprofils (Plotterbild, verkleinert)

Tab. 6.2/3 Massenermittlung aus Profilen

Profil	Profilabstand l [m]	Profilfläche F [m^2]	gemittelte Fläche $(F_1 + F_2) \cdot 0{,}5$ [m^2]	Volumen V [m^3]
0 + 0,0		0,0		
	3,0		3,375	10,125
0 + 3,0		6,75		
	7,0		24,408	170,853
0 + 10,0		42,065		
	10,0		55,236	552,360
0 + 20,0		68,406		
	10,0		59,849	598,490
0 + 30,0		51,292		
	10,0		35,476	354,760
0 + 40,0		19,660		
	5,30		17,218	91,255
0 + 45,30		14,776		
	4,70		15,454	72,631
0 + 50,0		16,131		
	4,50		19,182	86,319
0 + 54,50		22,233		
	5,50		18,816	103,485
0 + 60,0		15,398		
	10,0		8,360	83,60
0 + 70,0		1,322		
	3,0		0,661	1,983
0 + 73,0		0,0		

Gesamtvolumen: $\Sigma = 2.125{,}861\ m^3$

6.2.2 Quadratnetzmethode

Bei dieser Methode wird ein gleichmäßiges Quadratraster über das Gelände gelegt und das Volumen in jedem Feld ermittelt. Durch eine engere Maschenweite läßt sich die Genauigkeit dabei erhöhen.

Bei dem Beispiel des Erdhügels wurde ein 10-m-Raster als Kompromiß zwischen Meßaufwand und Genauigkeit gewählt, wodurch eine Anpassung an die Geländeform z. T. jedoch nur unzureichend erzielt werden konnte.

Voraussetzung für eine Berechnung ist auch hier die Erfassung der Geländeoberfläche vor Aufschüttung des Hügels. Dazu muß eine Rasteraufnahme vor und nach der Bauausführung erfolgen, wobei das Quadratnetz jeweils fest eingemessen wird, so daß sich die gleichen Netzpunkte ergeben.

Bei dem Berechnungsbeispiel lassen sich die Höhen des ursprünglichen Geländes durch Interpolation zwischen den Randhöhen finden.

a) Berechnungsgrundlage. Das Volumen eines Quaders ergibt sich mit

$$V = \frac{\Sigma h \cdot s^2}{4}$$

s = Seitenlänge eines Quadrates

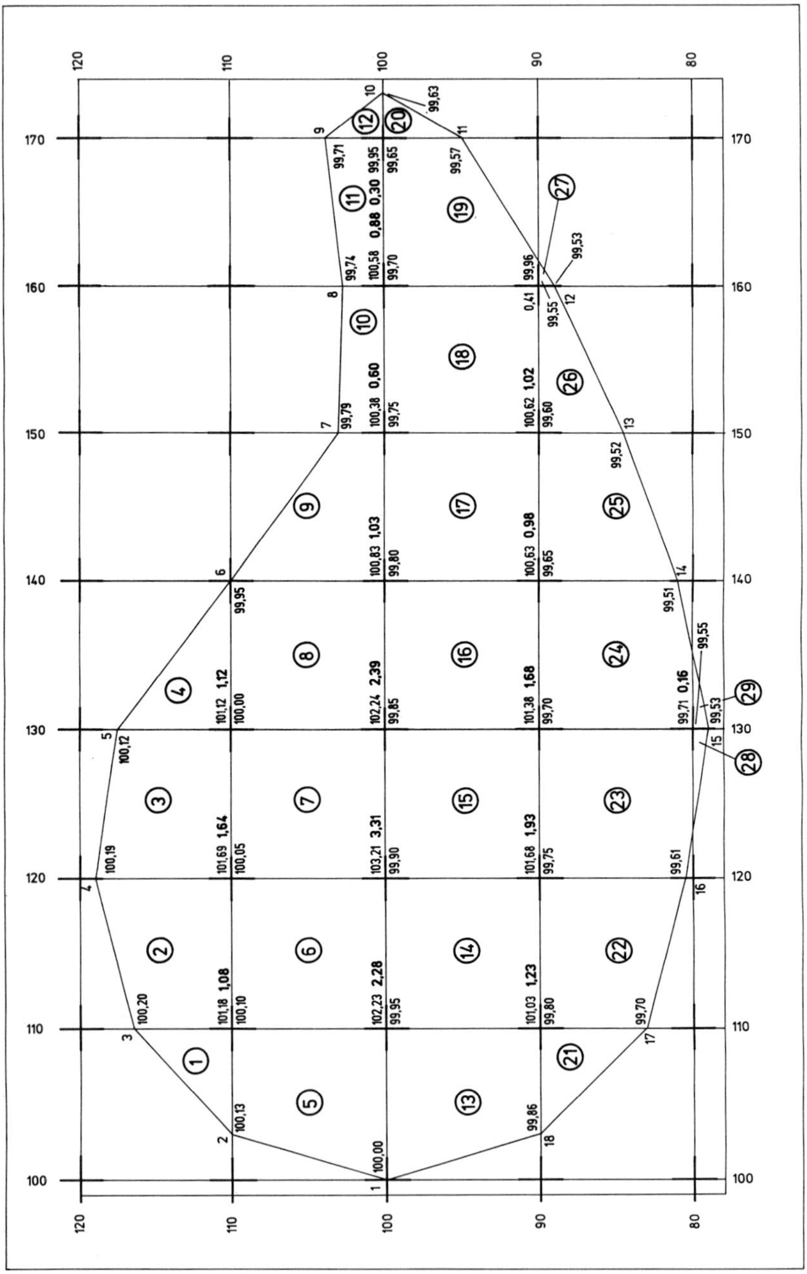

Abb. 6.2/5: Quadratnetzplan

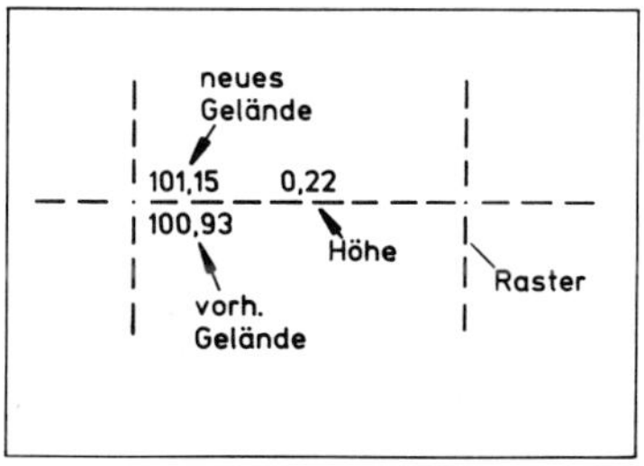

Abb. 6.2/6: Zahlenschreibweise im Raster

Die Randkörper wurden vereinfacht ebenfalls aus der berechneten Grundfläche und der gemittelten Höhe bestimmt. Eine Berechnung als Keile oder Dreiecksprismen würde hier die Genauigkeit noch steigern.
b) Der Gesamtplan mit Höhenangaben ist in *Abb. 6.2/5* wiedergegeben, Darstellung und Schreibweise zeigt *Abb. 6.2/6.*
c) Die Massenberechnung nach der Quadratnetzmethode erläutert *Tab. 6.2/4.*

Tab. 6.2/4. Massenberechnung aus Quadratnetz

Nr.	Fläche (m^2)	gemittelte Höhe (m)	V (m^3)	Nr.	Fläche (m^2)	gemittelte Höhe (m)	V (m^3)
1 Δ	22,75	0,360	8,190	16	100,00	1,520	152,000
2	77,50	0,680	52,700	17	100,00	0,908	90,800
3	82,50	0,690	56,925	18	100,00	0,728	(72,800)*
4 Δ	37,50	0,373	13,988	19	79,20	0,398	31,522
5	85,00	0,840	71,400	20 Δ	7,50	0,100	0,750
6	100,00	2,078	207,750	21 Δ	24,50	0,410	10,045
7	100,00	2,115	211,500	22	82,50	0,790	65,175
8	100,00	1,135	113,500	23	99,15	0,943	93,498
9	65,00	0,408	26,520	24	97,50	0,705	68,738
10	28,50	0,370	10,545	25	73,00	0,500	36,500
11	32,00	0,295	9,440	26	32,50	0,477	15,503
12	5,70	0,100	0,570	27 Δ	0,80	0,137	0,110
13	85,00	0,878	74,630	28 Δ	3,30	0,053	0,176
14	100,00	2,188	218,800	29 Δ	2,50	0,053	0,133
15	100,00	2,328	232,800				
					Σ 1.823,90 m^2		
				(Nr. 18 im 10-m-Raster: Σ 1.947,008 m^3)			
				Nr. 18 im 5-m-Raster: Σ 2.022,174 m^3			

Δ = Dreieck
* Nr. 18: 5-m-Raster ergibt V = 147,966 m^3

Da das 10-m-Raster für diese Geländeform vergleichsweise weitmaschig ist, muß mit Abweichungen beim Gesamtergebnis gerechnet werden. Insbesondere im Feld 18 wird die Erdkuppe völlig übermessen. Aus diesem Grund wird im Feld 18 zum Vergleich einmal mit einem 5-m-Raster gearbeitet:

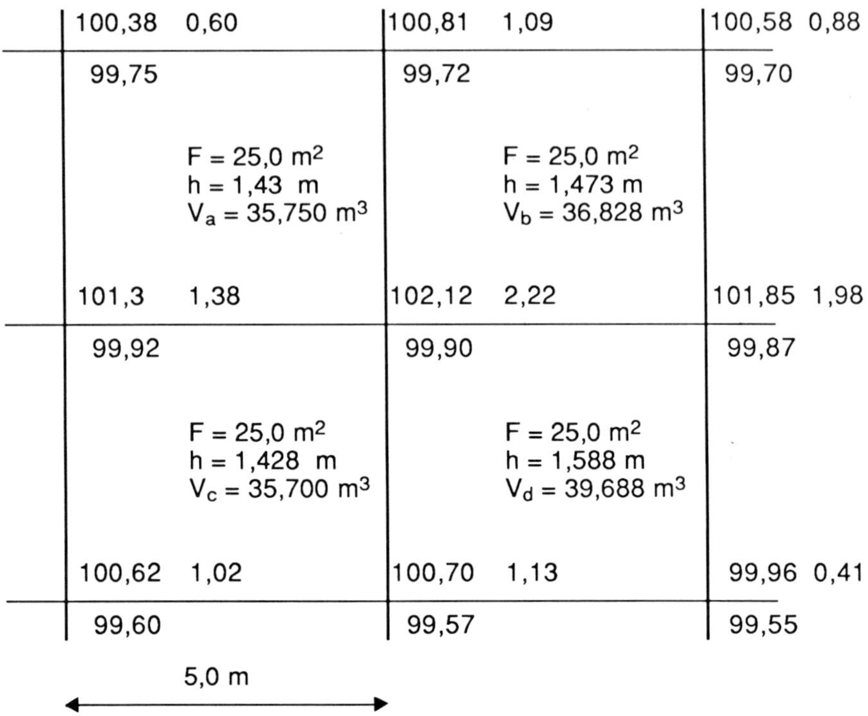

$V = 35{,}750 + 36{,}828 + 35{,}700 + 39{,}688 = 147{,}966\ m^3$

Berechnung Nr. 18 im 5-m-Raster

Das Ergebnis zeigt eine erhebliche Mehrmenge (ca. 70 m^3) in diesem Bereich.

6.2.3 Prismenmethode

Bei diesem Verfahren werden ähnlich wie bei der Quadratnetzmethode Einzelkörper gebildet und berechnet, deren Grundflächen in diesem Fall jedoch aus allgemeinen, unterschiedlichen Dreiecken bestehen. So entstehen Dreiseitprismen mit schief abgeschnittenen Oberflächen.
Das Aufmaß erfolgt nach dem Polarverfahren, wodurch eine freie Punktwahl und damit optimale Geländeanpassung gegeben ist.
Anschließend werden die Punkte zu einem Dreiecksnetz vermascht. Das Volumen eines Prismas ergibt sich aus der horizontalen Dreiecksgrundfläche, multipliziert mit der Höhe im Schwerpunkt (gemittelte Höhe) *(Abb. 6.2/7).*
Das Verfahren gewinnt mit dem Einsatz elektrooptischer Instrumente (siehe 5.2) zunehmend an Bedeutung. Durch leistungsfähige EDV-Programme läßt sich eine automatische Dreiecksvernetzung aus den Aufnahmepunkten sowie die gesamte Berechnung der Prismen durchführen.
Die Massenermittlung erfolgt meist »indirekt«, d. h., das vorhandene Gelände (Urgelände) wird durch ein Voraufmaß mit einem Dreiecksnetz erfaßt und das Volumen der Prismen auf eine beliebige tieferliegende horizontale Ebene bezogen ermittelt.

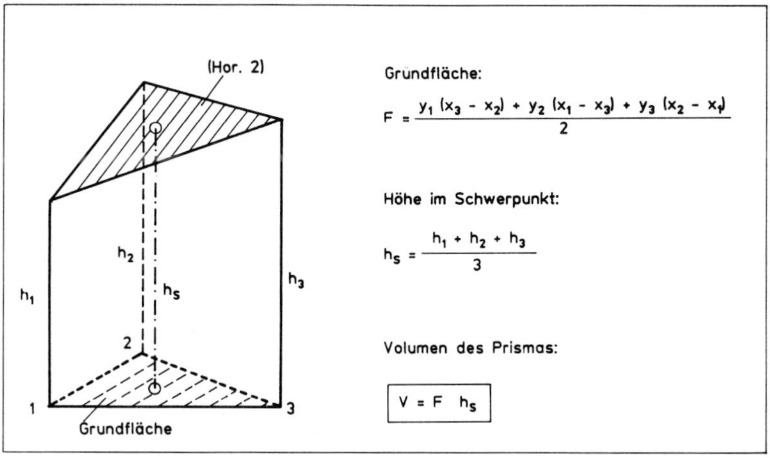

Abb. 6.2/7: Dreiseitprisma

Nach der Bauausführung wird das neue Gelände wieder durch ein Dreiecksnetz (jedoch beliebige andere Dreiecke) erfaßt und das neue Volumen ebenfalls auf die gleiche Bezugsebene ermittelt. Die Differenz der beiden Volumina ergibt dann die gesuchte Auf- oder Abtragsmasse. Dabei müssen nur die begrenzenden Randpunkte des Bereichs identisch sein, da sich andernfalls senkrechte Versprünge oder Verschneidungen (Nullinien) ergeben würden.

► **Berechnung nach der Prismenmethode**

a) Koordinaten (z. B. aus elektrooptischen Aufmaß) gibt *Tab. 6.2/5* an.

b) Die Dreiecksvermaschung (von Hand oder automatisch durchgeführt) läßt sich *Abb. 6.2/8a+b* entnehmen.

Tab. 6.2/5. Koordinatenverzeichnis

Pkt.	Y-Rechts	X-Hoch	Z-Höhe
Vorhandenes Gelände (hier begrenzender Rand), Horizont 1			
1	100,000	100,000	100,000
2	103,000	110,000	100,130
3	110,000	116,500	100,200
4	120,000	119,000	100,190
5	130,000	117,500	100,120
6	140,000	110,000	99,950
7	150,000	103,000	99,790
8	160,000	102,700	99,740
9	170,000	103,800	99,710
10	173,000	100,000	99,630
11	170,000	95,000	99,570
12	160,000	89,000	99,530
13	150,000	84,500	99,520
14	140,000	81,000	99,510
15	130,000	79,000	99,530
16	120,000	80,500	99,610
17	110,000	83,000	99,700
18	103,000	90,000	99,860
Neues Gelände (Hügel), Horizont 2			
1	100,000	100,000	100,000
... *(Die Punkte 1–18 sind mit denen in Horizont 1 identisch)*			
18	103,000	90,000	99,860
19	116,510	99,010	103,310
20	106,490	97,780	101,550
21	112,520	106,020	102,010
22	121,500	109,490	101,750
23	132,220	106,650	101,350
24	127,010	98,510	102,550
25	128,020	88,580	101,330
26	115,290	91,310	101,790
27	144,030	96,690	100,600
28	144,790	85,020	100,060
29	154,480	95,310	102,110
30	157,860	99,390	101,020
31	165,010	98,010	100,600
32	159,960	94,810	101,930
33	154,020	90,490	100,850

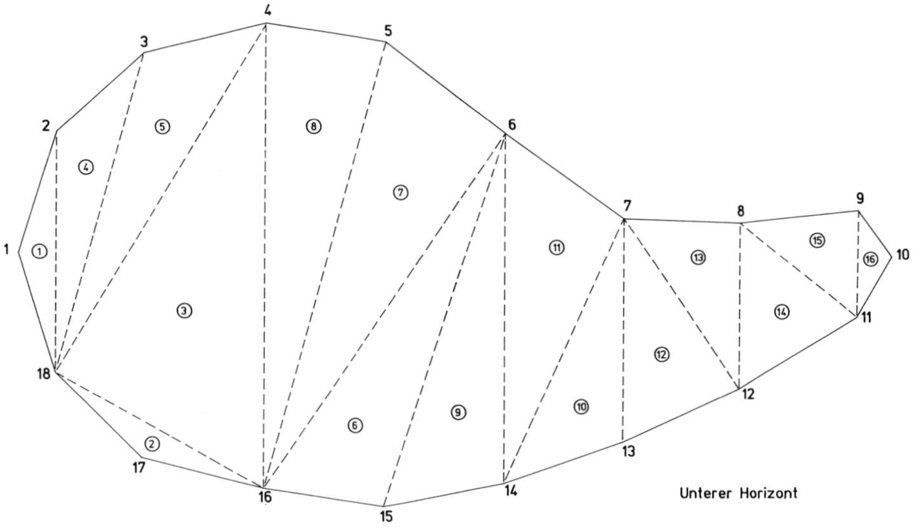

Abb. 6.2/8a: Dreiecksvernetzung des vorhandenen Geländes

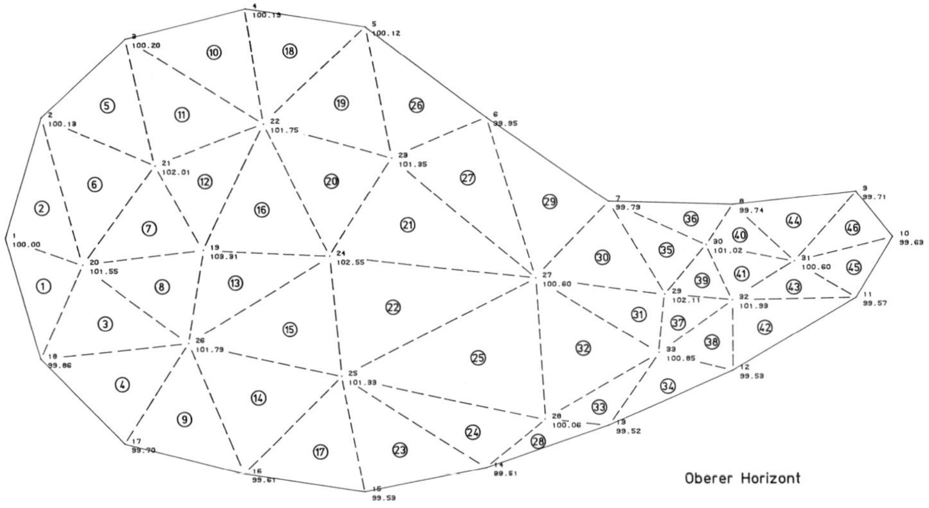

Abb. 6.2/8b: Dreiecksvernetzung des neuen Geländes

c) Massenermittlung aus Prismen. Als gemeinsame Bezugsebene wurde bei dem Beispiel die horizontale Ebene mit der Höhe H = 0,0 gewählt.
Die einzelnen Dreiecksflächen lassen sich z. B. nach Elling (siehe 6.1.2) aus den Koordinaten nachvollziehen.
Eine wirksame Kontrolle bietet der Flächenvergleich der beiden Horizonte: Die Summe aller Dreiecksflächen im Horizont 1 (vorhandenes Gelände) sowie die Summe aller Dreiecke im Horizont 2 (neues Gelände) müssen auf Grund der gemeinsamen Begrenzungslinien gleich sein. Ist diese Forderung erfüllt, kann davon ausgegangen werden, daß kein Fehler bei der Aufstellung vorliegt *(Tab. 6.2/6).*

Tab. 6.2/6. Massenermittlung nach der Prismenmethode

Hor.	Dreieck Nr.	Fläche horizont.	Fläche schräg	mittlere Höhe	Masse	Auftrag	Abtrag
1	3	327,250	327,294	99,887	32687,912		
1	1	30,000	30,003	99,997	2999,900		
1	2	26,250	26,255	99,723	2617,738		
1	6	162,500	162,522	99,697	16200,708		
1	9	145,000	145,019	99,663	14451,183		
1	10	92,500	92,511	99,607	9213,617		
1	12	92,500	92,511	99,613	9214,233		
1	14	68,500	68,509	99,613	6823,513		
1	16	13,200	13,202	99,637	1315,204		
1	15	44,000	44,006	99,673	4385,627		
1	13	68,500	68,509	99,687	6828,537		
1	11	145,.000	145,019	99,750	14463,750		
1	7	222,500	222,529	99,893	22226,267		
1	8	192,500	192,524	99,973	19244,867		
1	5	123,750	123,763	100,083	12385,313		
1	4	70,000	70,007	100,063	7004,433		
		1823,950	1824,181		182062,801		
2	3	45,522	46,502	101,067	4600,772		
2	6	51,222	52,066	101,230	5185,213		
2	7	37,574	38,332	102,290	3843,439		
2	8	37,827	38,830	102,217	3866,519		
2	11	51,427	52,148	101,320	5210,624		
2	12	38,398	38,943	102,357	3930,245		
2	13	40,730	41,674	102,550	4176,861		
2	14	62,376	63,677	100,910	6294,413		
2	15	61,826	62,286	101,890	6299,431		
2	16	56,268	56,787	102,537	5769,482		
2	19	55,004	55,590	101,073	5559,397		
2	20	51,029	51,421	101,883	5198,964		
2	21	74,012	74,738	101,500	7512,269		
2	22	83,585	84,547	101,493	8483,341		
2	24	42,234	42,951	100,300	4236,060		
2	25	96,500	96,800	100,663	9714,027		
2	27	58,526	59,343	100,633	5889,682		
2	30	37,089	38,336	100,833	3739,813		
2	31	25,502	26,638	101,187	2580,452		
2	32	55,936	56,093	100,503	5621,719		
2	33	16,649	17,306	100,143	1667,301		
2	35	22,135	23,038	100,973	2235,075		
2	37	13,322	13,773	101,630	1353,895		
2	38	17,342	18,869	100,770	1747,563		
2	39	12,024	12,336	101,687	1222,701		
2	40	13,310	14,024	100,453	1337,019		
2	41	14,924	15,457	101,183	1510,111		
2	43	15,584	16,022	100,700	1569,334		

Tab. 6.2/6. Fortsetzung

Hor.	Dreieck Nr.	Fläche horizont.	Fläche schräg	mittlere Höhe	Masse	Auftrag	Abtrag
2	1	29,120	30,302	100,470	2925,686		
2	4	47,600	48,681	100,450	4781,420		
2	9	48,163	49,385	100,367	4833,910		
2	17	46,415	47,274	100,157	4648,772		
2	23	49,880	50,717	100,123	4994,152		
2	28	11,718	12,067	99,697	1168,196		
2	34	20,905	22,130	99,967	2089,803		
2	42	29,170	32,328	100,343	2927,015		
2	45	16,990	17,254	99,933	1697,867		
2	46	18,166	18,303	99,980	1816,237		
2	44	26,206	26,571	100,017	2620,987		
2	36	16,871	18,027	100,183	1690,193		
2	29	52,445	52,673	100,113	5250,444		
2	26	45,925	46,690	100,473	4614,238		
2	18	46,425	47,108	100,687	4674,379		
2	10	49,425	50,074	100,713	4977,756		
2	5	44,870	45,732	100,780	4521,999		
2	2	35,780	36,690	100,560	3598,037		
		1823,950	1860,534		184186,811		
						2124,010	0,000

Horizont 1: Vorhandenes (altes) Gelände
Horizont 2: Neues Gelände
(Verwendete Software bei diesem Beispiel: »CADdy« V3A/V3B [Fa. Ziegler])

6.2.4 Vergleich der Ergebnisse

Die 3 Methoden lieferten folgende Ergebnisse:

▷ Profile 2.125,861 m^3 + 0,1 % Abweichung (zu Prismen)
▷ Quadratnetz 2.022,174 m^3 – 4,8 % Abweichung (zu Prismen)
▷ Prismen 2.124,01 m^3

Das genaueste Ergebnis wird infolge der guten Geländeanpassung und der mathematisch exakten Auswertung in der Regel durch die Prismenmethode erreicht.
Eine Genauigkeitssteigerung wäre in allen Fällen möglich, steht jedoch meist nicht im Verhältnis zu dem damit verbundenen Meß- und Rechenaufwand.
Bei der Quadratnetzmethode tritt die größte Abweichung auf, hier wäre eine geringere Rasterweite (z. B. 5 m) erforderlich.

7 Absteckungen

Bauplanungen (Objektplanungen) müssen vor Baubeginn vom Plan in das Gelände übertragen (abgesteckt) werden, so daß sie dort der Lage und der Höhe nach für die Bauausführung erkennbar werden. Dies geschieht überwiegend durch die Verwendung von Pflöcken und Lehren.
Die Genauigkeitsanforderungen bei Absteckarbeiten sind unterschiedlich: Während Bauwerke, Verkehrsflächen, Sportplätze usw. eine hohe Genauigkeit erfordern (Abweichungen von 10–20 mm sollten hier in der Regel nicht überschritten werden), genügt für Pflanzflächen, Baumstandorte usw. häufig eine Genauigkeit im dm-Bereich, oft sogar nur das »Augenmaß«. Grundsätzlich sollten Absteckungen jedoch so genau wie möglich durchgeführt werden, da Abweichungen bei der Bauausführung zusätzlich in den meisten Fällen vorkommen.

7.1 Lageabsteckungen

Bei Absteckarbeiten kommen die Methoden der Lagemessung (siehe 3.1–3.3) zur Anwendung. Kurze Geraden werden mit bloßem Auge durch Einfluchten abgesteckt, für lange Geraden, unregelmäßiges Gelände oder bei hohen Genauigkeitsanforderungen sollte ein Theodolit zum Durchfluchten verwendet werden *(Abb. 7.1/1).*
Rechte Winkel werden mit einem Prisma abgesteckt (siehe 3.3.2); genaue Absteckungen sollten auch hier mit einem Theodolit durchgeführt werden, für überschlägige Arbeiten eignen sich einfache Hilfsmittel (siehe 3.3.1).

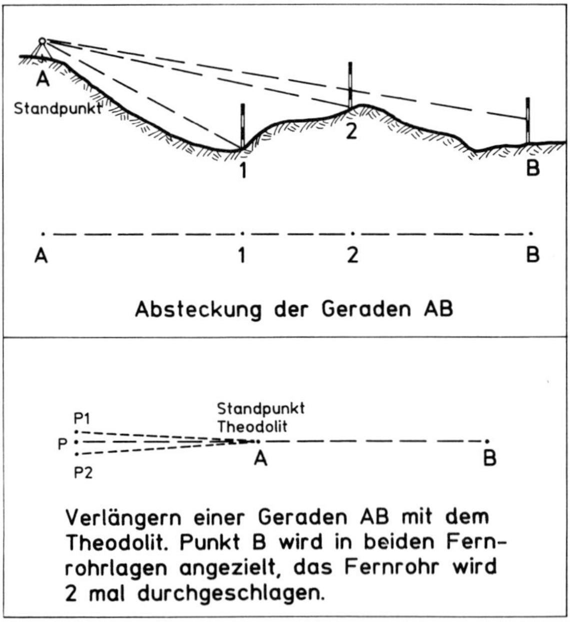

Abb. 7.1/1: Geradenabsteckung mit dem Theodolit

7.1.1 Absteckpläne

Bei größeren Anlagen ist es zweckmäßig, einen Absteckplan zu erstellen. Das Abgreifen von Maßen aus dem Lageplan auf der Baustelle führt leicht zu Ungenauigkeiten und Widersprüchen; außerdem soll der Absteckplan ein Konzept für ein vermessungstechnisch sinnvolles Vorgehen beinhalten, das sonst nicht immer gewährleistet ist.
Die Absteckung selbst wird in der Regel rechtwinklig durchgeführt, wobei von festgelegten Abszissenachsen die Ordinaten aller abzusteckenden Punkte abgetragen werden. Die Achsen sollen im Gelände leicht auffindbar, gut zugänglich, unveränderlich sein und

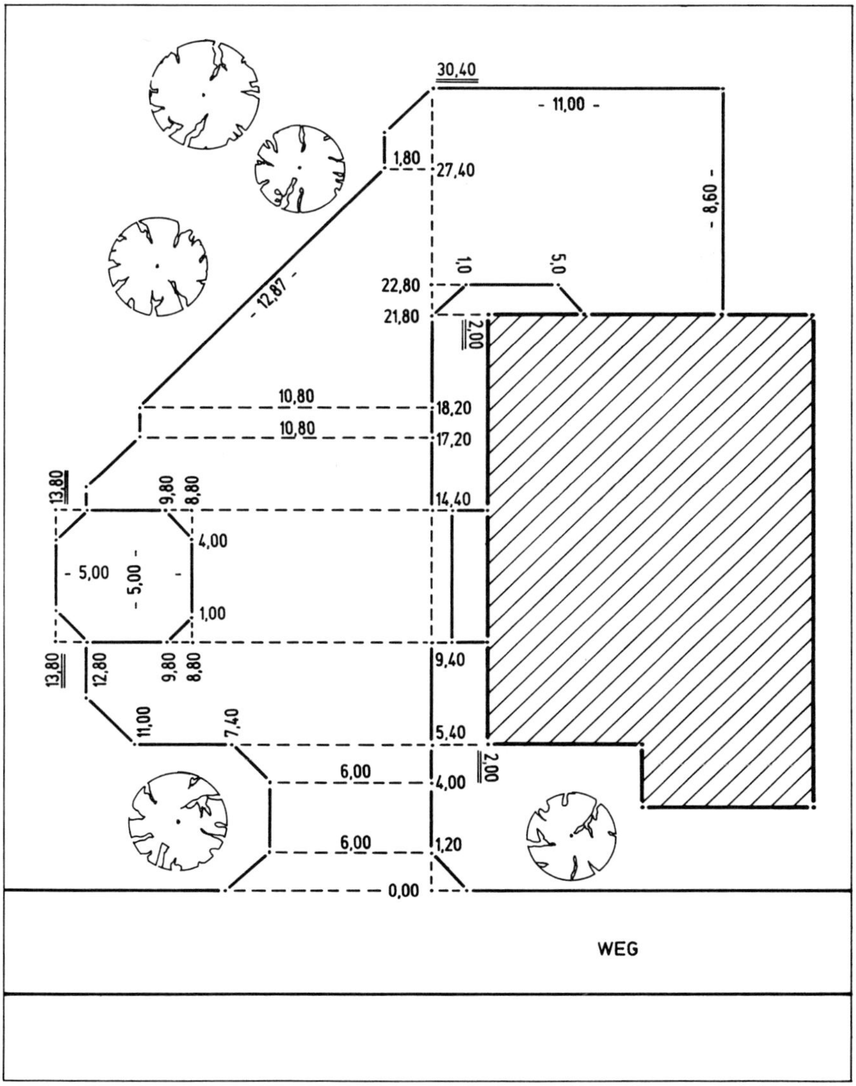

Abb. 7.1/2: Absteckplan für einen Vorplatz

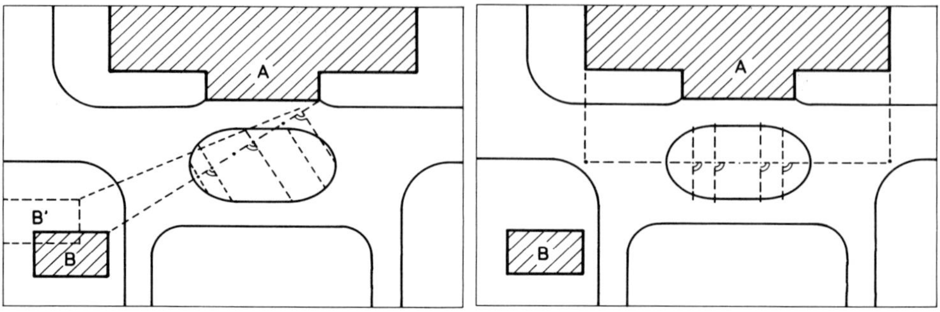

Abb. 7.1/3: Absteckplan – Lage der Abszisse in a (links): veränderlich; in b (rechts): unveränderlich

möglichst dicht an dem abzusteckenden Bereich liegen. Geeignet sind Verlängerungen von Gebäudefluchten, Verbindungen zwischen Gebäudeecken, Grenzpunkten, Vermessungspunkten usw.
Die Absteckmaße werden in den meisten Fällen durch Abgreifen aus dem Lageplan ermittelt und in den Absteckplan übertragen. Bei genau vermaßten Details sollten nicht alle Maße auf die Abszisse bezogen werden, hier ist es übersichtlicher und für die Ausführung sinnvoller, wenn das Detail (z. B. Wasserbecken, Treppenanlage usw.) mit nur einigen wenigen Ordinaten rechtwinklig auf die Abszisse bezogen wird, so daß damit die Anordnung innerhalb der Gesamtanlage eindeutig festgelegt ist.
Der Absteckplan läßt sich als »umgekehrtes Aufmaß« auffassen, d. h., es gelten für die Anlage weitgehend die gleichen Gesichtspunkte und Regeln wie für eine Aufnahme nach dem Rechtwinkelverfahren (siehe 3.6.3). Das gilt auch für die Anordnung und Schreibweise der Zahlen. Ein Beispiel für einen Absteckplan zeigt *Abb. 7.1/2.*
Manchmal kommt es bei der Absteckung zu Widersprüchen zwischen Maßen im Plan und tatsächlichen Abständen oder Längen.
Hauptursachen hierfür sind:
▷ Änderungen bei der Ausführung während der Bauzeit
▷ Fehler im Plan, die durch Papierverzug oder z. B. bei der Vergrößerung entstanden sind.

► Beispiel:
Die Eingangssituation vor dem Gebäude A *(Abb. 7.1/3a)* soll abgesteckt werden. Entgegen der ursprünglichen Planungsabsicht wurde das Gebäude B an einer etwas anderen Stelle (B′) ausgeführt, oder Zeichenungenauigkeit, Papierverzug usw. haben zu diesem Unterschied geführt. Wird nun nach Plan abgesteckt, d. h. die Abszisse zwischen den Gebäudeecken aufgebaut, so wird die Eingangssituation falsch übertragen, sie stimmt nicht in bezug auf das Gebäude A, außerdem treten Widersprüche in der Länge zwischen den Gebäudeecken auf.
Wird die Lage der Abszisse entsprechend der Eingangssituation ausschließlich auf das Gebäude A bezogen *(Abb. 7.1/3b),* können derartige Fehler nicht auftreten oder werden zumindest in ihren Auswirkungen stark eingeschränkt. Bei der Festlegung von Abszissen sollte dieser Gesichtspunkt stets mitbeachtet werden.
Bei Widersprüchen zwischen Plan und Wirklichkeit, die an Ort und Stelle beglichen werden müssen, sollte der Ausgleich immer im Sinne der Planungsabsicht geschehen. Dazu muß der Absteckende das nötige Einfühlungsvermögen für den Entwurf haben.

7.1.2 Kreisbogenabsteckung

Kreisbogenabsteckungen werden hauptsächlich im Bereich des Straßen- und Wegebaus erforderlich. Bei der Ausrundung von Einmündungen und Ecken von Verkehrsflächen kommen meist kleinere Radien (bis R = 15 m) zur Ausführung. In diesen Fällen erfolgt die Absteckung vom Mittelpunkt (Leierpunkt) aus mit Hilfe einer Schnur oder mit dem Bandmaß.

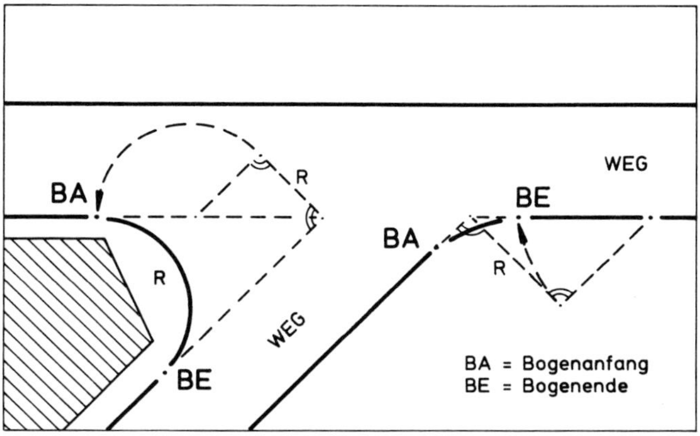

Abb. 7.1/4: Kreisbogenabsteckung – Bestimmung von Bogenanfang und -ende

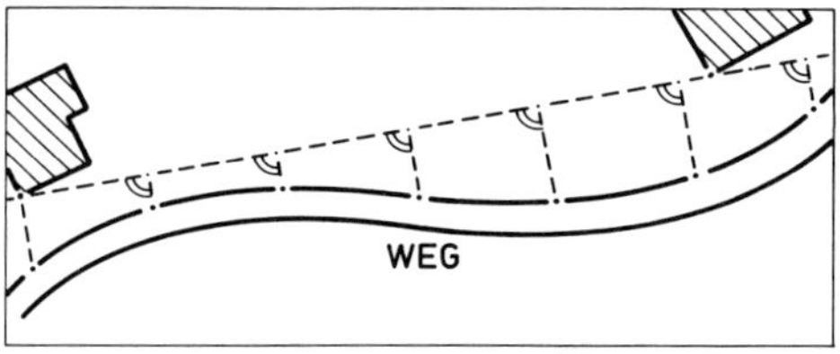

Abb. 7.1/5: Absteckung eines Wegrandes

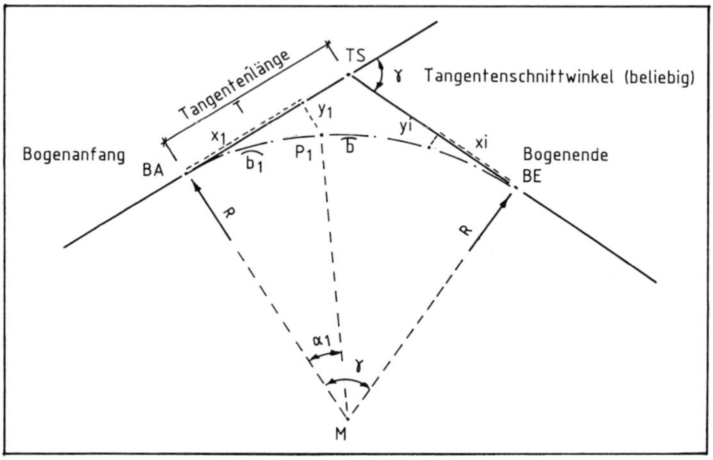

Abb. 7.1/6: Kreisbogenabsteckung von der Tangente

Sonderfälle ergeben sich bei nicht senkrechten Einmündungen oder bei nicht zugänglichem Mittelpunkt. Mit einer Hilfskonstruktion lassen sich hierbei Bogenanfangs- und -endpunkt finden *(Abb. 7.1/4).*
Bei der Absteckung von Wege- und Straßenachsen müssen größere Kreisbögen übertragen werden. Dabei genügt es für die meisten Bereiche, in denen geschwungene oder kreisförmige Wegeverläufe vorkommen, die rechtwinkligen Absteckmaße aus dem Lageplan im Abstand von 10–20 m abzugreifen *(Abb. 7.1/5).*
Sollen größere Kreisbögen mit nicht zugänglichem Mittelpunkt exakt abgesteckt werden, müssen die rechtwinkligen Absteckwerte aus einer Abstecktafel entnommen oder berechnet werden; die Absteckung erfolgt von der Tangente aus *(Abb. 7.1/6).*
Berechnung der Absteckwerte:

$$T = R \cdot \tan \frac{\gamma}{2}$$ Tangentenlänge

$$b = \frac{2\pi \cdot R}{400} \cdot \gamma$$ Bogenlänge BA–BE

Zu einem gewählten Bogenstück b_1 (z. B. 20 m) sollen die rechtwinkligen Absteckwerte ermittelt werden:

$$\alpha_1 = \frac{b_1 \cdot 400}{2\pi R}$$

$$x_1 = R \cdot \sin \alpha_1$$

$$y_1 = R \cdot (1 - \cos \alpha_1)$$

Zu einem gewählten Stück auf der Tangente xi soll der zugehörige rechtwinklige Absteckwert ermittelt werden:

$$y_i = R - \sqrt{R^2 - x_i^2}$$

7.2 Höhenabsteckungen

7.2.1 Höhenübertragung mit einfachen Hilfsmitteln

Zur Übertragung von Höhen im Nahbereich ist die **Wasserwaage**, gegebenenfalls in Verbindung mit einem Richtscheit (Wiegelatte, Setzlatte), ein unentbehrliches Hilfsmittel *(Abb. 7.2/1).*
Überprüfung der Wasserwaage: Auf ebener Unterlage muß sich durch Drehen um 200 gon die gleiche Blasenstellung einstellen. Das Richtscheit kann auf gleiche Weise geprüft werden.
Mit 3 **Visiertafeln** (Richttafeln) *(Abb. 7.2/2)* lassen sich geneigte Ziellinien festlegen. Sie werden beim Bau einfacher Wege verwendet, um Zwischenpunkte »einzutafeln« *(Abb. 7.2/3)*, oder beim Verlegen von Rohren in einem Leitungsgraben.
Die Tafeln müssen genau lotrecht gehalten werden, so daß für den Beobachter bei der Endtafel nur ein schmaler weißer Strich zu sehen ist. Beim Visieren steht der Beobachter etwa 1 m vor der ersten Tafel.

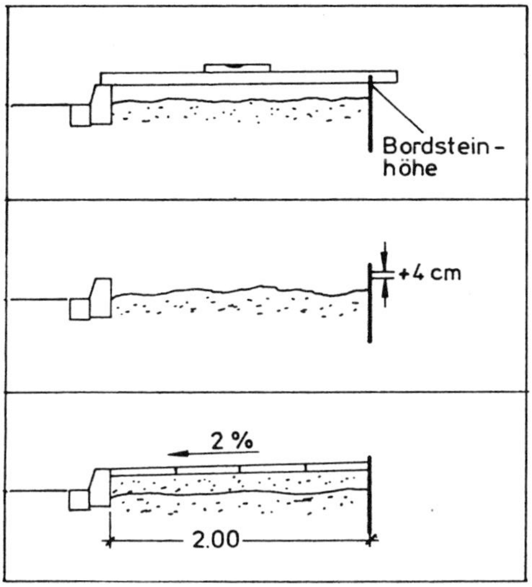

Abb. 7.2/2: Richttafeln

Abb. 7.2/1: Höhenübertragung mit Wasserwaage und Richtscheit, Anlegen des Quergefälles

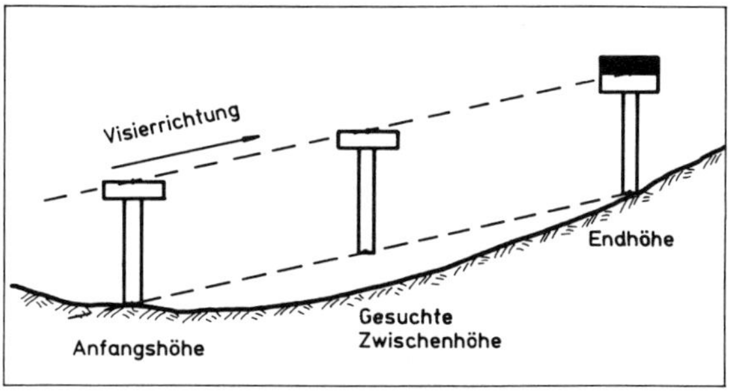

Abb. 7.2/3: Eintafeln eines Zwischenpunktes

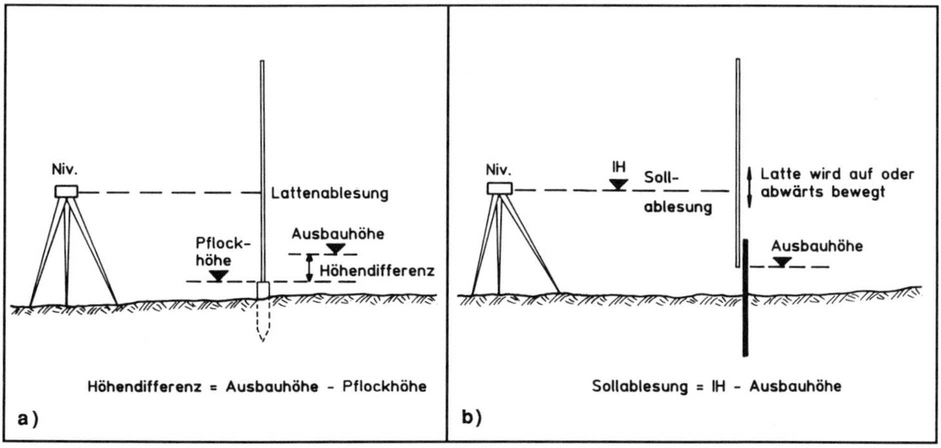

Abb. 7.2/4: Höhenübertragung mit dem Nivellier

7.2.2 Höhenübertragung mit dem Nivellier

Für genauere Höhenübertragungen oder bei größeren Entfernungen wird ein Nivellierinstrument verwendet. Die übertragenen Höhen werden meistens auf die Oberkante von Holzpflöcken bezogen oder durch Kreidestrich an dünnen Eisenstangen (Schnurnägeln) kenntlich gemacht.
Um das sehr umständliche und ungenaue Schlagen der Holzpflöcke auf genaue Höhe zu vermeiden, wird die tatsächliche Pflockhöhe durch Nivellement bestimmt und die Höhendifferenz zur gesuchten Ausbauhöhe als + oder –Wert an den Pflock geschrieben *(Abb. 7.2/4a).*
Eine andere Möglichkeit besteht darin, bei bekanntem Instrumentenhorizont IH den Lattenabschnitt (Sollablesung) zu berechnen:

Sollablesung = IH – Ausbauhöhe.

Die Latte (oder der Zollstock) wird daraufhin senkrecht auf- oder abwärts bewegt, bis die errechnete Sollablesung genau im Fadenkreuz steht. Der Fuß der Latte markiert jetzt die gesuchte Ausbauhöhe, die durch einen Kreidestrich an den Pflock oder Eisenstab übertragen wird *(Abb. 7.2/4b).*

7.2.3 Höhenübertragung mit dem Laser

Laserinstrumente kommen als Rotationslaser im Sportplatzbau zum Einsatz sowie als Kanallaser bei der Rohrverlegung im Zuge von Kanalisationsarbeiten (siehe 4.2.3).

7.3 Gerüste und Lehren

7.3.1 Lattenprofile

Bei Erdarbeiten müssen Auftrags- oder Einschnittsböschungen mit vorgegebenen Böschungsneigungen (z. B. Regelböschung 1 : 1,5) abgesteckt werden.
Die Absteckmaße ergeben sich aus Querprofilen oder Schnitten; sie werden durch Staffelmessung (siehe 3.2.2) und Nivellement ins Gelände übertragen und durch Böschungslehren (Schüttlehren) sichtbar gemacht *(Abb. 7.3/1).*

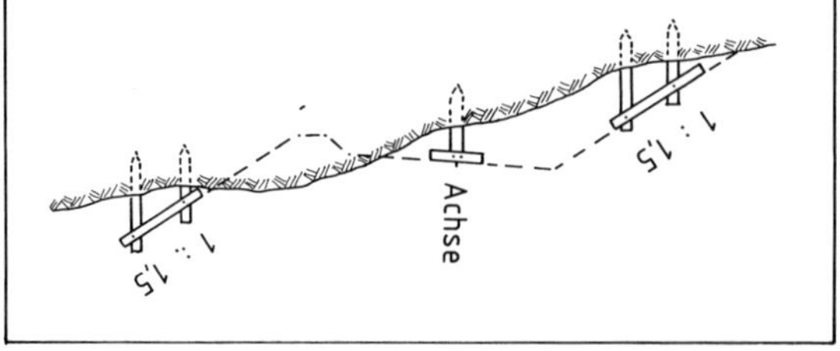

Abb. 7.3/1: Böschungslehren

7.3.2 Schnurgerüste

Für den Bau von Fundamenten, Mauern, Wasserbecken usw. oder bei tiefen Baugruben müssen Punkte so festgelegt werden, daß sie während der Bauausführung jederzeit schnell entfernt und wiederhergestellt werden können. Dazu eignen sich Schnurgerüste, bei denen Latten außerhalb des Baufeldes genau auf Höhe waagerecht an Pflöcke geschlagen werden. Durch kreuzweise gespannte Schnüre läßt sich so z. B. eine Mauerecke darstellen, wobei sich die Schnur durch eine Kerbe in der Latte oder einen Nagel ausreichend genau fixieren läßt *(Abb. 7.3/2)*.

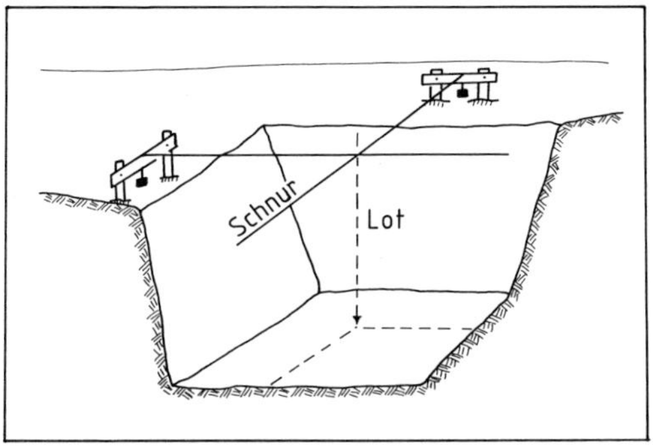

Abb. 7.3/2: Schnurgerüste

8 Anhang

8.1 Literatur

BAUMANN, E., 1992/93: Vermessungskunde. Band 1 und 2. Bonn: Dümmler.

DEUMLICH, F., 1988: Instrumentenkunde der Vermessungstechnik. Karlsruhe: Wichmann

DIN Taschenbuch 111, 1991: Normen für Vermessungswesen. Berlin: Beuth.

GELHAUS, R., D. KOLOUCH, 1991: Vermessungskunde für Architekten und Bauingenieure. Düsseldorf: Werner.

KAHMEN, H., 1993: Vermessungskunde. Berlin, New York: Walter de Gruyter.

GRUBER, J., 1994: Formelsammlung für das Vermessungswesen. Bonn: Dümmler.

HÄSSLER, J. und H. WACHSMUTH, 1990: Formelsammlung für den Vermessungsberuf. Korbach: Wilhelm Bing.

HENNECKE, F., H.-J. MECKENSTOCK, G. POLLMER, 1993: Vermessung im Bauwesen. Bonn: Dümmler.

HERRMANN, K. E., 1985: Bautechnische Vermessung. Bonn: Dümmler (vergriffen).

NIMMANN, H., 1980: Flächen- und Erdmassenberechnungen im Garten- und Landschaftsbau. Berlin, Hamburg: Paul Parey (vergriffen).

OSTERLOH, H., 1985: Erdmassenberechnung. Wiesbaden: Bauverlag.

OSTERLOH, H., 1988: Vermessungstechnik für Garten-, Landschaftsbau und Forstwesen. Wiesbaden: Bauverlag.

MATTHEWS, V., 1993: Veressungskunde. Band 1 und 2. Stuttgart: B. G. Teubner.

WITTE, B. und H. SCHMIDT, 1991: Vermessungskunde und Grundlagen der Statistik für das Bauwesen. Stuttgart: Konrad Wittwer.

WITTKE, H., 1971: Einführung in die Vermessungstechnik. Bonn: Dümmler.

8.2 Sachverzeichnis